SNSって面白いの？

何が便利で、何が怖いのか

草野真一　著

ブルーバックス

●カバー装幀／芦澤泰偉・児崎雅淑
●カバーイラスト／森マサコ
●本文図版／長澤リカ
●目次・章扉・本文デザイン／島浩二

はじめに

グーグルの元CEOエリック・シュミット氏は、SNS（ソーシャル・ネットワーキング・サービス）とスマートフォンを「第五の権力」と呼びました。なぜ「第五」なのか。なぜ「権力」なのか。まずはそれから述べていきましょう。

三権分立という仕組みはとても素晴らしいと思っています。人類の叡智という言葉がありますが、三権分立がそのひとつであることに異論がある人はいないでしょう。

その昔、権力は一点に集中していました。

たとえば王様が、「わが国の女はみんな私のものである！」と取り決め、実行したとします。立法権・行政権は王様に存するわけです。さらに、取り決めを守らず、刃向かった人々を次々に処刑したなら、王様は司法権も持っていることになります。つまり、立法・行政・司法の3つの権力を手中にすれば、いかなる独裁も可能になるのです。

三権を分立し、一緒くたにならないようにしようという考えはそんなところから生まれました。三権分立とは権力の力をそぎ、独裁を禁じる試みだったのです。考え出したのはロックやモンテスキューだと言われていますが、本当によく考えたなと思っています。

三権に続く第四の権力とされるのが、マスコミの力です。これは、誰もが実感できるものではないでしょうか。

隣のオヤジが逮捕された！　オヤジはこの段階では犯人ではなくて容疑者です。したがって推定無罪、実際にやっていようがいまいが、罪人ではありません。

しかし、マスコミが押し寄せて話題になれば、そんな原則論は通用しません。会社勤めをしていればクビになるだろうし、息子や娘がいればいじめられるだろうし、引っ越ししなければならなくなることもあるでしょう。ひとりの人間の社会生命が絶たれるわけで、これが権力でなくて何でしょうか。

冤罪事件が大きな問題となるのは、彼・彼女を誤って罪人としたせいで、何より早く第四の権力が発動してしまうためです。

第五の権力は、あなたの手の中にあります。冒頭で述べたシュミット氏は、「これほど多くの人たちがこれほど大きな力を指先ひとつで使えるようになったのは初めてのことだ」と語っています。

ピンとこない人も多いことでしょう。しかし、あなたの手の中のスマートフォン（携帯電話）は、権力発動のツールです。

たとえば、「アラブの春」。あれは革命であり、政府転覆です。1章で詳しく述べますが、発端はフェイスブックやツイッターでした。さらに、「アラブの春」を大きな要因として生まれたとされる国際テロ組織「ＩＳ（イスラム国）」は、縦横にＳＮＳを使いこなす組織として知られています。おそらく、ＳＮＳのない世界には、彼らのような集団は生まれないでしょう。

ただし、第一から第四までの権力と、第五の権力には大きな相違があります。

第一から第四の権力には、責任者がいました。権力を人為的に発動できる人がいました。しかし、第五の権力は違います。おそらくは誰もコントロールできません。これを発動させるためにはテクニックが必要であり、大量のお金もしくは多くの人の力などの資源が必要不可欠なのです。しかも、１００パーセント発動するとは誰にも言えません。ツルの一声はあり得ないのです。これは、大きな特徴です。

本書では、この「第五の権力」にあたるSNSを、

・どういう場合に行使されるのか
・誰が行使するのか

に焦点をしぼり、可能なかぎり平易に述べています。


次のように感じている人も多いはずです。

「俺が知りたいのは、そんな大げさなことじゃないんだ。たとえば俺の娘は、食事をしているときもテレビを見ているときもスマホをいじっている。どうもSNSってやつをやってるらしい。あいつは何をやってるんだ？　それが知りたいんだ」

「職場の同僚の中にも、SNSを使ってるやつがいる。何が面白いんだ？」

「誰かにSNSって何？　と聞けば解決するんだろう。でも、それって聞きにくいぞ。第一、何をたずねたらいいかわからない。鼻で笑われそうだ……」

「知らないのは、置いてけぼりにされてるみたいで面白くない！」

実は、あなたが抱いたそんな疑問も、グーグルの元CEOが「権力」と述べたことと地続きです。両者に相違はほとんどありません。言い換えればあなたの娘さんは、ごはんを食べながら「第五の権力」を行使しているのです。

それはつまりどういうことなのか？

本書は、それに答えるために生まれました。

最初の話題は「ソーシャルとは何か」。これ以上ないほど基本的なこと、平易なこと、だからこそ大事なことから始めます。

おそらく、本書の方法では、こぼれてしまうものも多いでしょう。すべては決して述べられません。

しかし、本書を読了したあなたは、ソーシャルメディアないしはSNSについて、ある程度の知識を得ることができているはずです。それは、ややこしい現代という時代をサバイブするために必要な、尊い知識を得ることにつながるのだ。そう思っています。

もくじ

1章

「ソーシャル」とは何か

1-1

「ソーシャル」って何だろう

「ソーシャルメディア」ないしは「SNS（ソーシャル・ネットワーキング・サービス）」という言葉が、連日のようにテレビや新聞で取り上げられるようになりました。わけても、次の3つの名前を耳にする機会は増えています。

非常時における連絡能力の高さを評価され、2011年3月の東日本大震災以降、首相官邸をはじめさまざまな公的機関がアカウントを持つに至ったツイッター。

全世界に10億人以上のユーザを持ち、中国・インドに次ぐ「第三の国家」とさえ言われるフェイスブック。

スマートフォン・ユーザの爆発的な増加を背景に、無料通話とメッセージ送受信の簡便さで人気を集めたLINE。ことにLINEは中高生のユーザが多く、スマホを主なプラットフォームとしているために、社会問題として取り上げられることもあります。

これらはすべてソーシャルメディア、ないしはSNSに分類されており、前述のとおり一般のマスメディアでよく取り上げられています。

とはいえ、次の問いに答えられる人は決して多くありません。

「ソーシャル」とはそもそも何のことだろうか。ツイッター、フェイスブック、LINEの3つのサービスは何が共通しているから「ソーシャル」と呼ばれるのだろうか。

まずは、これらのサービスを「ソーシャル」と呼ぶ理由を考えてみましょう。そこには、「ソーシャル」が持つ重要な性質も表れているのです。

●「ソーシャル」とは「関係」のこと

ソーシャルはsocial、一般に「社会の」とか「社会的な」と訳されます。もっとも、socialを直訳してしまうと、大事なことがこぼれていってしまいます。「ソーシャル」を表現するのに、日本語にはもっと適当な言葉があるのです。

どんなに人づきあいが苦手な人でも、両親はあるでしょう。彼・彼女と両親の間には、必ず「関係」があります。「早く亡くしてしまって今はない」のも「関係」。「月に一度は一緒に買い物に行く」のも「関係」です。

この「関係」こそ、「ソーシャル」の正体です。

兄弟のある人には、当然のこと兄弟間の「関係」が存在するでしょう。「関係」は友人・知人にも存在します。恋人同士も「関係」の一形態です。つまり、人間あるところ、必ず「関係」は存在すると考えて間違いありません。

図1　ソーシャルグラフ

人は誰しも「関係」を持っている。他人との間に結ばれた「関係」は、濃いこともあれば、薄いこともある。

「関係」、すなわち「ソーシャル」とは、テクノロジーとは何の関連もないものです。スマートフォンはむろんのこと、インターネットやコンピュータが存在するずっと前から、「ソーシャル」は存在してきました。人間の歴史がはじまって以来、連綿と続いているもの。それを「ソーシャル」と呼ぶのです。

●ソーシャルグラフ

ひとりの人間を中心にして、「関係」を図に表したものを「ソーシャルグラフ」と呼びます。日本語にすると関係図です（**図1**）。

ソーシャル、すなわち「関係」のあるところ、必ずソーシャルグラフは存在します。これもテクノロジーとは何の関連もありません。

顔が広い人は、「関係」をたくさん持っているということですから、ソーシャルグラフはとても大きくなります。また、影響力の強い人なら、その人がある意図を持って動くことが、ソーシャルグラフ上の別の人の行動に影響をおよぼします。いずれも、テクノロジーとは関連のない場所で起こるできごとです。

●ソーシャルには「濃度」がある

「ソーシャル」とは人間同士の「関係」を表現する言葉ですから、本来はITの発展とはまったく関連がない言葉です。にもかかわらず、私たちは現在、「ソーシャル」をITと関わる場所以外で使うことはほとんどありません。どうしてでしょうか。

理由はいくつかありますが、最も大きいのは、ソーシャルメディア、ないしはSNSと呼ばれるものが、「ソーシャル」にもともと備わっている力を強めるはたらきがあるからです。

例をあげましょう。

近所に新しいラーメン屋ができたとします。ラーメン屋は可能なかぎり、自分の店が「うまい」と思われるようなアピールをするでしょう。看板を立て、ポスターを貼り、場合によっては新聞などのメディアに広告を出します。あなたはそういう各種の宣伝を見て、ラーメン屋を訪れる気になるかもしれません。

しかし、決定的だったのは弟からもたらされた次のひとことでした。

「新しくできたラーメン屋はとてもうまいよ」

弟がそう言わなければ、あなたはラーメン屋を訪ねてみようとはしなかったかもしれません。各種の宣伝は確かにあなたに届いていながら、あなたに「店に行く」という消費行動を起こさせなかったのです。

情報は「新しくできたラーメン屋はうまい」ですから、弟のひとことも、店が自らアピールしていたものもまったく同じです。にもかかわらず、あなたを行動に駆り立てる力は、弟からもたらされた情報のほうがずっと強くなっています。

いったい、何が違うのでしょうか？

「ソーシャル」、すなわち「関係」には、必ず「濃度」があるのです。「血は水よりも濃い」と言いますが、親や兄弟は「濃い関係」になることがとても多くなっています。そうした「関係」からもたらされる情報は、他の「関係」からもたらされるものよりずっと濃く、重くなります。あなたは、弟が言ったからこそ、新しくできたラーメン屋を訪れたのです。

「関係」には当然、薄いものもあります。パーティーで一度だけ会って名刺交換した、というような人とは、「濃い関係」にはなりにくいでしょう。そういう人がもたらす情報は、薄く、軽いものになりがちです。

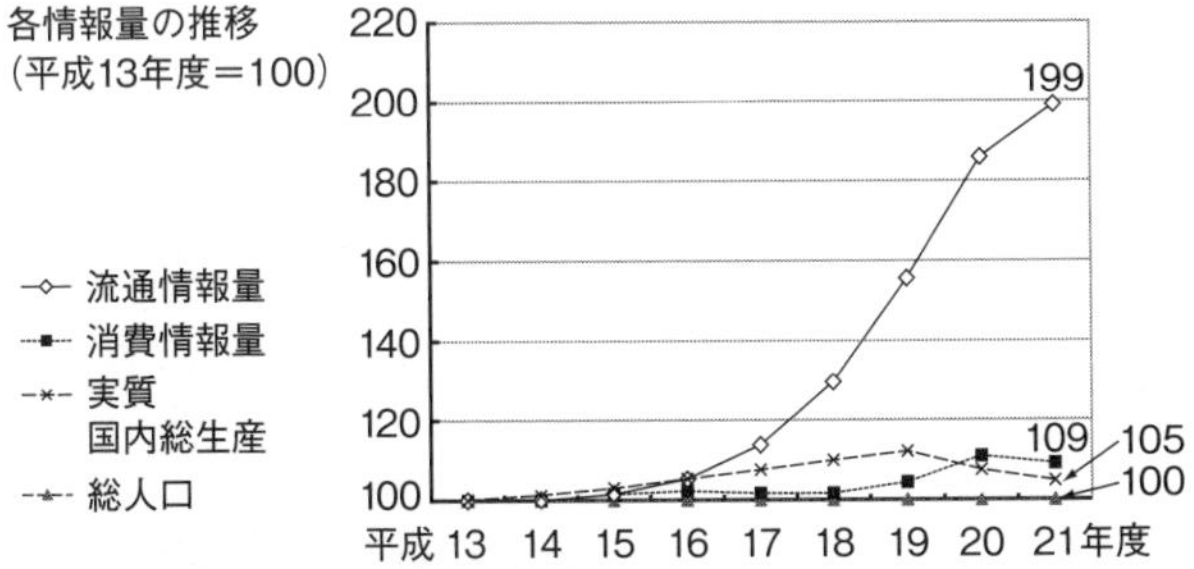

図2　流通情報量と消費情報量の関係

人が接する情報の量は、各人が消費できる情報の量よりずっと多い。情報の意味ではなく、「誰がそれをもたらしたか」が重要なのだ。

総務省の情報通信政策研究所調査研究部『我が国の情報通信市場の実態と情報流通量の計量に関する調査研究結果（平成21年度）』に掲載のグラフ（３ページ）をもとに作成（http://www.soumu.go.jp/main_content/000124276.pdf）

●情報をふるいにかける

私たちは普段、個人では受け止めきれないほど大量の情報に接しています。

図2は総務省が2011年8月に発表した「流通情報量」（私たちが接する情報の量）と「消費情報量」（私たちが受け止めることができる情報の量）の関係を表したグラフです。流通する情報の量は平成13年（2001年）から年々すさまじい勢いで増え、ほぼ2倍になっているというのに、私たちが消費できる情報の量はほとんど増えていません。わかりやすく言えば、私たちの情報処理能力はほとんど向上していないのです。接する情報量は増加の一途をたどっているのに！

私たちが受け止めることのできる情報の量に

は、限りがあります。どんなに優秀な人であっても、限界があるのです。そんなとき、大事にされる情報とはどんな情報でしょうか？

「関係」の濃度の濃い人からの情報です。さきのラーメン屋のたとえで言えば、人は看板やポスターや新聞広告がもたらす情報ではなく、弟のような「濃い関係」の人がもたらした情報を重宝するのです。

情報としてはまったく同じでも、それが誰からもたらされたものなのか、という点が大きな意味を持ちます。受け止められないほどたくさんの情報に接しているなら、なおさら「関係の濃度」が濃い人からの情報はありがたいものとして受け止められることでしょう。

ソーシャルメディア、そしてSNSとは、こうした「濃度の濃い情報」を得るためのツールだ、と理解することができます。

すべての情報を得ることはできないのだから、誰もが必ず「ふるい」に当たるものを用いねばなりません。その「ふるい」は、「関係の濃度」が濃い人たちを意味することがとても多くなっています。

「ロングテール」「フリー」といった概念を提唱し、インターネット時代における最大の論客となった『ワイアード』誌の元編集長、クリス・アンダーソン氏は、次のように語っています。

「私は主要メディアの記事を読みますが、自分から読みに行くことはしません。記事のほうから来るのです。今日、多くの人がプロフェッショナルによるフィルタリングより、ソーシャルフィルタリングを選ぶようになっています。私が信頼する人たちによって精査されたニュースが、私のもとに届くのです」

フィルタリングとは、「情報をふるいにかける」行為のことです。

column ❶

クリス・アンダーソン

早くからインターネットの可能性に着目し、ネット・ジャーナリズムを確立した雑誌『ワイアード』の元編集長です。著書『ロングテール』『フリー』はいずれもベストセラーになっており、ネット時代最大の論客と呼ばれています。

アマゾンなどのインターネット・ショッピング・モールは売り場の物理的な制約を受けないゆえに無限の商品陳列が可能です。それ

column ❶

により、従来は仕入れも不可能だった商品に小さな売れ行きをもたらすことが可能になります。この状態のことを、彼は著書で「ロングテール（長い尾）」と呼びました。

　もうひとつの著書『フリー』では「コピー可能なものはタダ（フリー）に近づいていく」ことを主張しています。音楽ファイルの違法コピーが絶えないことを思い起こせば、理解は容易でしょう。パッケージ化された「音楽」はコピー可能なので、タダに近づきます。しかし、コンサートで得られる体験はコピー不可能なので、コンサート・チケットはタダになりません。これは、インターネットの性質を表す概念として、多くの人に受け入れられています。

●ソーシャル発言は多くの人が受け取る

前節で述べた内容を簡単に要約すると、次のようになります。

「ソーシャル」とは人類発祥以来存在してきた「関係」のことである。たとえば家族のように、ソーシャルグラフ上で近い位置にいる者（近い「関係」の人）からもたらされる情報は、内容にかかわらず濃くなる。

現代、個人は決してひとりでは受け止めきれない量の情報に接している。「関係」の近い者からの情報は、情報の選択に重要な役割を果たす。ソーシャルメディア、ないしはSNSは、それを得るためのツールである。

もうひとつ、ソーシャルメディア、ないしはSNSには、大きな特徴があります。情報伝達の速度がとても速いことです。

前節で「新しくできたラーメン屋はうまい」という情報が弟からもたらされる、という例を語りました。口頭などの方法によって「兄ちゃん、今度できたラーメン屋はうまいぜ」と伝えられた場合、それは「口コミ」です。口コミは話者AからBへ1対1で情報が伝えられることがとても多くなっています。

ところが、SNSを通してそれが伝えられた場合、情報を得るのはあなただけではありません。弟を中心としたソーシャルグラフの上にある誰もが、同じ情報を同じタイミングで受け取るのです。ちょうど、クラスメイトがたくさんいる教室内で「今度できたラーメン屋はうまいぜ！」とわめいたような形になります。当然、教室内にいる誰もが「ラーメン屋はうまい」という情報を得るわけです。

ラーメン屋にとっては願ったりかなったりの状態です。情報伝達の速度は口コミよりずっと速く、対象は多いのですから！

あとで詳しく述べますが、SNSがマーケティングに用いられるのは、この効果を期待しているからです。ひとりが「うまい」とつぶやけば、それはその人を中心としたソーシャルグラフ上にいるみんなに伝えたのと同じことになる。広告効果は絶大です。

●「シェア」「共有」という考え方

SNSを使った情報伝達を、情報を「シェアする」「共有する」と呼びます。

シェアに関しては、シェアハウスやカーシェアリングが一般化した現在では、あまり説明を要しないでしょう。広い家は家賃が高いのでひとりでは借りられません。しかし、その家に住みたい人を募って家賃を分割すれば、借りることができるのです。それがシェアハウスです。

情報を「シェアする」場合もまったく同じです。「ラーメン屋はうまい」という情報を、あなただけではなく、弟のソーシャルグラフの上にいる多くの人と分け合います。

「共有する」も「シェアする」とまったく同じ意味で使われていますが、ことITの世界では、「共有」という考え方は決してめずらしいものではありません。歴史的な意味合いを持つ考え方である、と言うことができるでしょう。高価だった周辺機器（プリンタなど）や、プログラムを「共有」する。限られた資産をみんなで使おうという考えが、「コンピュータをつなぎ合わせよう」すなわち「ネットワークを作ろう」という考えになっていったのです。

「共有」とはインターネットの母となった考え方と言えるでしょう（この考え方については、ブルーバックスの拙著『メールはなぜ届くのか』をご一読ください）。

●「シェア」「共有」は広がっていく

次ページの図3は、とある新聞記事を、フェイスブックで「シェア」「共有」したときの様子です。図の下部に、「いいね！」「コメントする」「シェア」の3つのボタンが並んでい

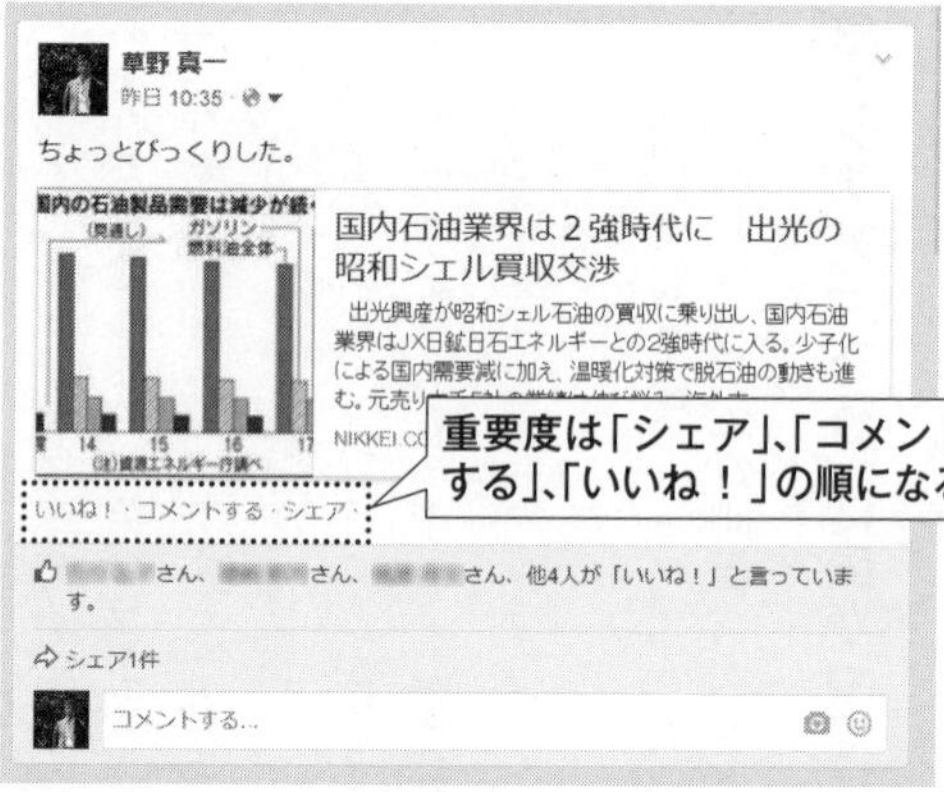

図３　フェイスブックで記事をシェア（共有）したときの様子

ることがわかります。

この新聞記事を投稿すると、フェイスブックを介してソーシャルグラフを作っている人には伝わっている、と考えることができます。３つのボタンの重要度はおおよそ次のようになります。

シェア　＞　コメントする　＞　いいね！

いずれの場合も、この新聞記事を第三者に伝える役割を果たします。つまり、この記事にふれ、右記の３つのアクションのいずれかを起こしたあなたは、フェイスブックで自分とつながっている人に、この記事を伝えることになります。

発端は「草野真一」さんが「共有」したものです。しかし、あなたが反応した途端、このニュースはあなたのものにもなるのです。「草野真一」

さんがフェイスブックでつながっている人が10人、あなたのほうにも10人いるならば、同時に20人の人にこの記事を伝えたことになるのです。

SNSはみな、この仕組みを持っています。

これが表示されているのは短い時間であるのが普通ですから、そのときたまたま記事を目にすることがなければ、記事が共有されることは少なくなります。また、17ページの図2のように、人は本当に多くの情報に接していますから、あなたが「草野真一」さんにとても興味があるか、記事そのものに関心がない場合、この投稿はスルーするでしょう。みんなSNSばかり眺めてるほどヒマじゃない。そう考えるべきです。

どうしても記事を共有したければ、同じ記事を何度も投稿すれば目にしてくれる人が増加します。とはいえ、「またこれかよ」と感じる人も当然のようにいるわけで、そのあたりのバランスは難しいところです。

1-3 「シェア」によって起こる歴史的事件

●「シェア」は「よい面」も「悪い面」も増幅する

人間には「よい面」と「悪い面」があります。他人が成した仕事に対して、その価値を認め、賞賛を惜しまない態度は、人の「よい面」に違いないでしょう。また、正義や自分が信じたことのために、自分には益にならないような行為を無償で買って出ることがあるのも、人の「よい面」に違いありません。

一方で、「悪い面」もあります。心ない誹謗中傷によって人をおとしめたり、足を引っ張ったりするのは、「悪い面」です。

ソーシャルメディア、ないしはSNSは、こうした人の「よい面」も「悪い面」も、増幅する装置だと言うことができます。ソーシャルメディアを利用したとたん、あなたの「よい面」も「悪い面」も倍加させられるのだ、ということは知っておいたほうがいいでしょう。

前項で述べたように、「シェア」「共有」という仕組みは、情報の伝わり方が一方向ではありません。情報の価値が高ければ高いほど、それは多くの人のもとを経由し、「シェア」され、あちこちに流れていきます。

その伝播のスピードはとても速く、それまでは考えられなかったような事態をいくつも引き起こしています。ここでは、その例をいくつかご紹介しましょう。まず、ソーシャルメディアによって、人の「よい面」が引き出された事例です。

●アラブの民主化運動

2010年から2011年にかけて起こった中東の民主化運動——いわゆる「アラブの春」については、功罪それぞれが伝えられています。誰も「アラブの春」を手放しに「よい」とは言わないし、「悪い」と言い切ることもしません。

しかし、本書では「アラブの春」の最初の事例となったチュニジアの革命——かの国の花の名をとって「ジャスミン革命」と呼ばれる——を、「よい」と賞賛したいと考えています。

理由はいくつかあります。何より大きいのは、ジャスミン革命が無血革命だったということ。23年間政権に就いていた大統領を亡命に追いやるにあたり、チュニジアはほとんど血を流さずにこれを完了しました。これは歴史的にも類例の少ないことです。

民主化によって内乱が勃発し、「パンドラの匣《はこ》を開けてしまった」と評されることの多い「アラブの春」ですが、チュニジアの革命だけは成功事例として伝えられることが多くなっています。

ジャスミン革命は、マスメディアによって「フェイスブック革命」「インターネット革命」と命名されることになりました。フェイスブックが革命に果たした役割が、とても大きかったからです。

もっとも、これは恣意的な解釈ではないか、という意見もあります。

フェイスブックを含めたインターネット・ツールはあくまでそれを日常的に利用していた青年層が使用したにすぎず、実際にはそのずっと前から国民の不満は高まっていた。デモに参加した民衆の多くはインターネットを使っていなかった。革命は起こるべくして起こったので、インターネットがきっかけになったわけではない。「フェイスブック革命」「インターネット革命」なんて言いすぎだ。たいへんもっともな意見です。

しかし、当初は小さな規模だった反政府デモがたちまち民衆の共感を呼び、国家をゆるがすほどの大きさに発展していった背景には、フェイスブックやインターネットがあることは疑いようもないことです。フェイスブックがジャスミン革命に果たした役割とは何だったのか。ここでは、それを振り返ってみたいと思います。

●貧しい青年の自殺映像

ジャスミン革命の発端は、大きな産業もない内陸の田舎町に住む26歳の青年、モハメド・ブアジジの衝撃的な焼身自殺でした。

ブアジジは高学歴でありながら、職をみつけることができず、街頭で果物や野菜を販売していました。チュニジアは毎年、好調に経済成長をとげていましたが、実際には貧富の差が広がるばかりで、多くの人はその恩恵にあずかることができなかったのです。青年層の失業率はきわめて高く、3割に達していたと言います。ブアジジのような若者は、各都市に多くいたのです。

街頭で野菜を売るブアジジをとがめたのは、警察官でした。おまえは営業許可を持っていないだろう。物品販売には営業許可が必要で、多くの人がそれを得るために、役人に賄賂をわたすことが習慣化していました。警察官もブアジジに賄賂を要求し、それを支払わないとわかると、彼から商品を取り上げてしまったのです。

彼はこれに抗議するために、県庁舎の前で焼身自殺を図ります。

イスラム過激派による自爆テロがたびたびニュースになるため、イスラム圏では自殺が多いのではないか、と考えてしまうかもしれませんが、実際にはイスラム教では自殺がかたく禁じられているため、日本に比べて自殺率がずっと低いのです。そんな国での自殺は、多くの人に大きなショックを与えました。

もしインターネットがなかったなら、ブアジジのこの行動が知られることもなかったでしょう。たとえばチュニジアの新聞は、大統領の行動を報道することに終始し、これといって伝えることがないときには、大統領の過去の業績をほめたたえる記事が掲載されていました。報道の自由はほとんどなかったのです。地方の町の一青年の自殺が、新聞で報道されるはずはありません。

でも、この行動の一部始終をブアジジのいとこが携帯電話の動画機能を用いて撮影していました。ブアジジが病院に運ばれて亡くなったあと、彼はこの映像をフェイスブックに投稿します。ここで初めて、フェイスブックが革命の引き金を引くことになるのです。

●海を越えた映像

フェイスブックを使っている人、あるいはツイッター、ミクシィ、LINEなどのSNSを使っている人は理解できることと思いますが、個人の投稿が大きな広がりを見せることは滅多にありません。

ふつう、SNSにおいては、よほどのことがないかぎり情報は広まりません。フェイスブックなら「友達」の範囲、ツイッターにおいては「フォロワー」の範囲までしか情報は伝わらないのです。言い換えれば、情報の伝達は個人のソーシャルグラフの範囲で完結します。

これが「常態」です。ブアジジのいとこの投稿も、本来ならば通例どおり、彼の「友達」に伝わるのみだったと思われます。

しかし、動画の衝撃性、言葉を換えれば事態の重大性によって、動画はたちまちチュニジア国内のフェイスブック・ユーザの間に広がっていきました。やがて、この動画は海を越え、フェイスブックで毎日1万人のユーザとやりとりする女性の目にとまります。そこからの拡散はあたかも枯れ野原に火をはなったようなもの。ブアジジの焼身が、たちまち全世界に広がっていきました。

この投稿はやがて、中東の衛星放送アルジャジーラで報道され、全世界のあらゆる階層の人々の注目を集めることになりました。

●無血革命へ

結果、23年もの長きにわたり政権に就いていたベン・アリ大統領は国外逃亡を余儀なくされ、民主化革命が完遂されます。

報道管制がしかれていた革命前のチュニジアで、ブアジジの自死がニュースになったとは思えません。アメリカ発のサービスであり、なおかつ会員しか見ることのできないクローズ

図4　チュニジアの首都チュニス

日本から遠いため、中東情勢は「自分とは関係ない」と認識している人が多いが、それは大きな間違いだ。かの地の政治情勢はすぐさま石油価格に反映されるため、あなたの家庭の経済に密接な関わりを持っている。
WIKIMEDIA COMMONSにあるAbdallah Chouchen氏の写真より

な場所であるフェイスブックだからこそ、政府も検閲できなかったのでしょう。すでに述べたとおり、投稿は枯れ野原に火をつけたようにまたたく間に海を越え、世界中に広がっていきました。そうなったら、チュニジア国内だけ取り締まったところで、どうなるものでもありません。無数の映像のコピーが、世界中にばらまかれたのと同じだからです。

ブアジジの焼身自殺がきっかけとなって、たちまち大人数のデモが組織されました。警官隊から市民への発砲などもありましたが、それらも映像の形でフェイスブックに投稿され、政府への反感を強めることになります。

ブアジジの自殺から1ヵ月とたたずして、23年もの長い間、政権の座にあったベン・アリ大統領は退陣と国外逃亡を余儀なくされます。民衆デモのきっかけからその終息にいたるまで、民主革命の期間が短かったことも、「ネット時代の革命」との評を集めることになりました。

●フェイスブックで見つかった臓器提供者

もうひとつ、ソーシャルメディアを通して人の「よい面」がクローズアップされた例をご紹介しましょう。

2012年のこと、アメリカに住むとある母親が、ワラにもすがる思いでフェイスブックに投稿します。娘のアリアーナちゃんに、腎臓の提供を求める書き込みです。

もとより、母親は腎臓提供者が見つかるとは思っていませんでした。仮に見つかっても、臓器には適合・不適合の問題があります。必要なのはアリアーナちゃんに適合する腎臓です。簡単に見つかるものではありません。

しかし2年後、見ず知らずの女性が母親の書き込みを見るに至り、臓器提供者として名乗りをあげます。彼女は、数少ない臓器適合者でした。

「適合性があるとわかっているのに、黙って女の子を見殺しにはできませんでした」

女性はそう語ったと言います。

ブアジジの抗議映像にしても、アリアーナちゃんの母親の書き込みにしても、当初は数少ない人が目にしたにすぎませんでした。ブアジジのいとこも、アリアーナちゃんの母親も、決して友達の多い方ではなかったと思われます。

しかし、彼らの投稿が10人の目にふれ、情報を受け取った人がそれぞれ10人に情報を伝えたなら、それは100人に伝えたのと同じことです。

フェイスブックの「シェア」という機能は、これが簡単に起こせます（図5）。

図5　フェイスブックの「シェア」機能

●増幅される「悪い面」

チュニジアのジャスミン革命では、23年続いた独裁政権を、ほとんど血を流すことなしに倒すことができました。ソーシャルメディアを武器として利用する民衆運動の好例ということができるでしょう。

もっとも、同じ力——すなわち民衆を扇動する道具としてのソーシャルメディアの力が、罪としかいえない事態を起こすこともあります。２０１１年に世界的なニュースとなった、イギリスの暴動事件は、その一例です。

暴動の発端は、警官が銃器犯罪に関わると見られる黒人男性に発砲し射殺した事件だと言われています。この事件を人種偏見によるものと抗議する集会が暴動に発展したのではないか。それが当時の通説でした。しかし、暴動に抗議の主張はほとんど見られなかったと言われています。

この際、暴徒の連絡ツールとなったのはブラックベリーだと言われています。日本ではあまり一般的になりませんでしたが、当時欧米ではたいへん人気のあったスマートフォンです。オバマ米大統領が使用しているということで、大きな話題を呼びました。暴徒たちがブラックベリーでソーシャルメディアやＳＮＳを使用していたことが、暴動のきっかけになったと言います。

ソーシャルメディア――フェイスブックやツイッターなどを用いれば、多くの人間がリアルタイムで連絡を取り合い、ひとつの場所に集うことが可能になります。チュニジアの民主化革命で起こったことと同じことがイギリスで起こったわけですが、大きな違いは「敵」が明確ではないことでした。イギリスの暴徒たちに政治的な意図はほとんどありませんでした。むしろ、そこにあったのは「暴れたい、壊したい」というきわめてアナーキーな欲望だったのです。

暴動の要因を貧困や失業に求める意見もみられますが、スマートフォンを持っている以上、それをことさらに強調することはできないでしょう。ひょっとしたらジャスミン革命だって、大多数の人を動かしたのは政治的な意志よりもアナーキーな欲望のほうだったのかもしれません。

同じことは、主にアメリカで話題になった「フラッシュモブ」という現象にも見ることができます。「フラッシュモブ」は当初、ソーシャルメディアを利用して集った集団がキテレツなパフォーマンスを披露してこれをYouTubeにアップするという、あまり罪のないものだったそうです。ところが、これがエスカレートして集団略奪や窃盗に発展しているといいます。

これは組織化されていない集団による犯罪です。お互いにたいして面識のない者同士が突発的に集まって集団略奪を繰り広げたのです。

ソーシャルメディアにはそういう力がある。これは認めざるを得ないところです。

1-4 インターネットの発達とメディアの変化

●「ソーシャルメディア」と「SNS」

本書ではこれまで、「ソーシャルメディア」という言葉と「SNS」という言葉を併置する形で表現してきました。両者を同じものと考える人はとても多く、テレビやラジオ、新聞や雑誌などの報道においては、明らかに両者を同じものと見なした上でニュースにしているケースが散見されます。しかし、厳密には両者は別のものです。

たとえば「魚類」と言えば、フナ、コイ、サンマ、カツオそれぞれを例に出すことができます。これが「淡水魚」というくくりになれば、種類はグッと少なくなり、右の例ではフナとコイが含まれるだけです。

「ソーシャルメディア」と「SNS」の関係もまったく同様である、と言うことができます。

詳細は次ページの**表**をご覧いただきたいのですが、「ソーシャルメディア」はとても多くのものを含んだ広い概念です。「インターネット上のメディアはすべてソーシャルメディアである」と言っても決して言いすぎにはならないでしょう。対してSNSとは、あくまでソーシャルメディアの一部であると位置づけられています。

図6は、インターネット登場前のメディアのありかたを表したものです。当時、情報伝達

種類	主要サービス（アプリケーション）
ブログ	アメーバブログ、 livedoor Blog、WordPress
ナレッジコミュニティ（集合知）	ウィキ、ウィキペディア日本語版、 NAVERまとめ
ソーシャルブックマーク	はてなブックマーク
ソーシャルニュース	スラッシュドット、Digg
ソーシャル・ネットワーキング・サービス（SNS）	mixi、GREE、Facebook、 Twitter、Google+
画像や動画の共有サイト	YouTube、ニコニコ動画、pixiv
レビューサイト	食べログ、価格.com

表　ソーシャルメディアの種類別の主要国内サービスおよびアプリケーション事例

図6　マスメディアの情報の流れ

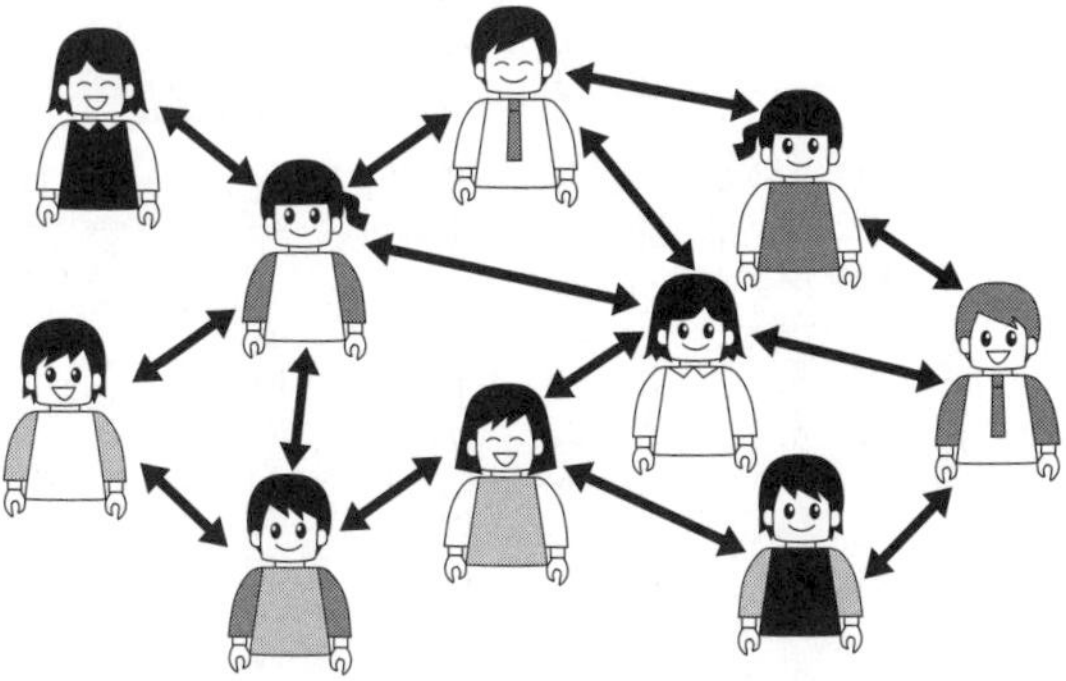

図7 ソーシャルメディアの情報の流れ

と言えばなんといってもマスメディア（新聞・雑誌・テレビ・ラジオなど）でした。

マスメディアの特徴は、情報の流れが一方通行であることです。これによって情報を「送る側」と「受ける側」がハッキリわかれ、数少ない「送る側」が、数の多い「受ける側」に情報を届ける、という形態をもたらします。このありさまを「マス・コミュニケーション」と呼びました。「マスコミ」の語源となった言葉です。

「ソーシャルメディア」という言葉は、マスメディアと対置する意味で使われるようになりました。情報の受け手が単なる「受け手」ではなく、「送り手」にもなることができる。その回路を常に備えている。それがソーシャルメディアの特徴です（図7）。

したがって、ホームページ（ウェブページ）の掲示板や、ブログ、アマゾンや楽天などのショッピングサイト、食べログや価格.ｃｏｍなどユーザレビューを掲載するサイトは、すべてソーシャルメディアに含まれます。

したがって、「ソーシャルメディア」という言葉（ないしは現象）は、ＳＮＳよりずっと古いのです。よく、マイクロソフト社がＷｉｎｄｏｗｓ95を発売した１９９５年を「インターネット元年」と呼んだりしますが、ソーシャルメディアはこのときすでに存在していました。

●インターネットでは、情報の送り手が犬でもいい？

１９９３年に雑誌『ニューヨーカー』が掲載した1コママンガに、インターネットを何よりも雄弁に語るものとしてその後も引用され続けた作品があります。ＰＣモニタの前に座る2匹の犬を描いたこのマンガには、「インターネットでは、誰もキミを犬とは思わないんだよ」という言葉が添えられていました（「on the internet nobody knows you're a dog」というタイトル。検索すると見ることができます）。

インターネットの情報は、発言者が明確ではありません。あたかも話者が女性のように語られたその情報は、実際は男性によるものかもしれない。犬によるものかもしれない！　誰もそれを確かめる術を持っていません。

もっとも、インターネットが生まれるまでも、情報を受ける相手は誰でもよかったのです。もちろん犬だってかまいません。誰だかわかっていなければいけなかったのは情報の「送り手」です。

マスメディアにおいては、情報の送り手が誰か、常にわかっていました。

「〇〇というタレントである」

「公共放送のアナウンサーである」

「××という新聞である」

情報を「送る側」に立つ者は、断じて犬であってはならなかったのです。個人、ないしは法人である必要がありました。そのかわり、「受ける側」が犬であっても、大した問題になりませんでした。大切なのはその情報をどれだけの者が得ているか（販売率や視聴率）であって、それが誰であるかではなかったからです。

「silent majority（静かなる大衆）」という言葉が生まれました。大衆は基本的に、発言の道具を持っていなかったからです。

●インターネットがもたらしたもの

インターネットの発達によって、もっとも変わったのはこの点でした。新たなメディアのありかたが生まれたのです。

インターネットを使えば、誰もが情報の「送り手」となることができる。誰もがメディアになることができる。これは、「メディアと言えばマスメディア」の時代には考えられなかったことでした。

『ニューヨーカー』のマンガが話題になったのはこの頃です。インターネットの上では、話者が犬であっても大した問題にならない。情報の「送り手」が誰なのかわからない。犬かもしれない！　大袈裟に言えば、これは人類が初めて経験する事態でした。だからマンガになったのです。

最初に訪れたのは、ホームページ（ウェブページ）制作のブームです。ホームページは、誰もが構築でき、誰もが自分の意見を発表できる場として知られていました。「マスメディア以外のメディア」の誕生です。

もっとも、ホームページを実際に制作する人は決して多くはありませんでした。ページを持つためには、ＨＴＭＬ（ウェブページを作るための言語）を操る知識など、特殊な知識を習得する必要があります。インターネットは誰にでも門戸を開いてはいても、実は敷居の高い場所でした。ＨＴＭＬをマスターして情報発信する人は少なかったからです。

やがて、こうした「敷居」が取り払われる時代がやってきます。ブログブームの到来です。ブログを記すために、特殊な知識は必要ありません。ワープロソフトを操作する程度の知識があれば使えます。ブログはときどき、「簡易ホームページ」と表現されますが、誰もが簡易に自分のページを持てるようになりました。インターネットに日記やレビュー、批評が溢れかえります。一日に数万のアクセスを集める人気ブロガーも登場しました。

2006年には、雑誌『TIME』が「今年の人」にYOU、つまり「あなた」をあげています。あなただって情報を発信でき、世界に影響を与えることができる。あなた自身がメディアになったのです。

SNSが活況を呈し始めるのはこの頃のことです。欧米ではフェイスブックやマイスペースが、日本では国産のサービス、ミクシィやグリーが多くのユーザを集めることになりました。

次章より、SNSとはどのようなものか、具体的に見ていくことにしましょう。

2章

いろいろなSNS

2-1 どのSNSでも、できることはだいたい同じ

フェイスブックにツイッター、LINE、グーグル・プラス、ミクシィ……SNSには、さまざまなサービスがあります。ただし、どのサービスでも、基本的にできることは似通っています。

●重要なのはユーザ数

2015年6月現在、盛んに宣伝しているトークアプリがあります。「755（ナナゴーゴー）」（図1）です。その名前は、創立者のひとりである堀江貴文氏の収監番号だそうです。芸能人ユーザを多数かかえ、「彼らと話せる！」を大きなウリにしています。創立者のネームバリュー、著名人ユーザ、人目をひくCM、おそらくこれ以上に派手に立ち上げるのは難しいでしょう。

詳しくは4章で述べますが、SNSはたくさんのユーザを集めるだけで大きな利潤を生み出すことができます。広告事業を展開してもいいし、データを集めて売ってもいい。多くのユーザがいるということは、お金のなる木が庭に生えているようなものです。したがって、

図1　755（ナナゴーゴー）
日本発のアプリとしてはおそらく最大級の宣伝費を投入して展開しているトークアプリだが、どの程度ユーザが集まるかは未知数。目標はLINEのように使われることだろう。

多くのSNSがユーザを求めています。

　サービスを立ち上げるのは、それほど難しいことではありません。SNSを作るための無料のソフトウェア（キット）がありますし（次ページの図2）、これを構築することをビジネスとしている企業もたくさんあります。どちらを利用するにせよ、サービスの開始まで、多くの時間はかからないでしょう。それゆえ、企業の中だけで使用されるSNS、ある学校の生徒と先生だけで作られるSNS、趣味のSNS（たとえば山登りが好きな人の集まり）など、「ユーザ集め」を目的としない小さなSNSはたくさんあります。

　しかし、ひとたび「ユーザ集め」を目的とし、それでお金を儲けようとするならば、話はまったく変わってきます。たとえば前章で述べたような効果（政府を転覆させるような効果！）を生み出

図2　SNSを作るための無料のソフトウェア「OpenPNE」

SNSを作るためのキット「OpenPNE」。これは世界的に利用されているものだが、日本のみでサービスを展開しているものもある。煩を厭わなければイチから（何もないところから）新しくSNSを構築することもできる。

すためには、相当数のユーザが必要です。残念ながら、日本発のSNSに、これほどに巨大化したものは存在しません。

図3は、有名なSNSのユーザ数を表したものです。日本国内でのシェアは異なりますが、2－3節で述べるように、インターネットにおいて国境はあまり問題になりません。これが現在のSNSの地図であると認識してもらっていいでしょう。

●「フェイスブック離れ」という現象

図3をご覧になればわかるとおり、フェイスブックのユーザ数は圧倒的です。アメリカを含む英語圏では2人に1人以上がフェイスブックに加入しており（図4）、アメリカでは「インターネットに接続する」と「フェイスブックをする」はほ

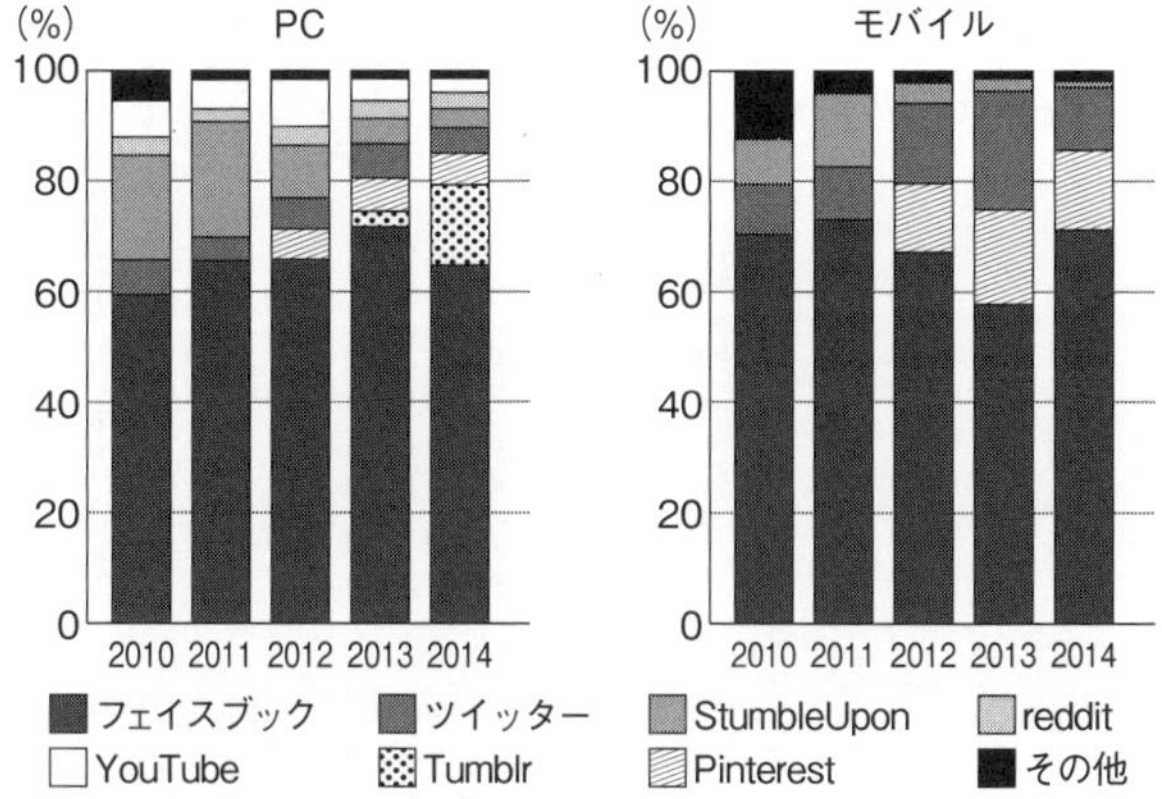

図3　世界のソーシャルメディアのシェア

StatCounterに掲載されているグラフをもとに作成（http://gs.statcounter.com/#social_media-ww-yearly-2010-2010-bar）

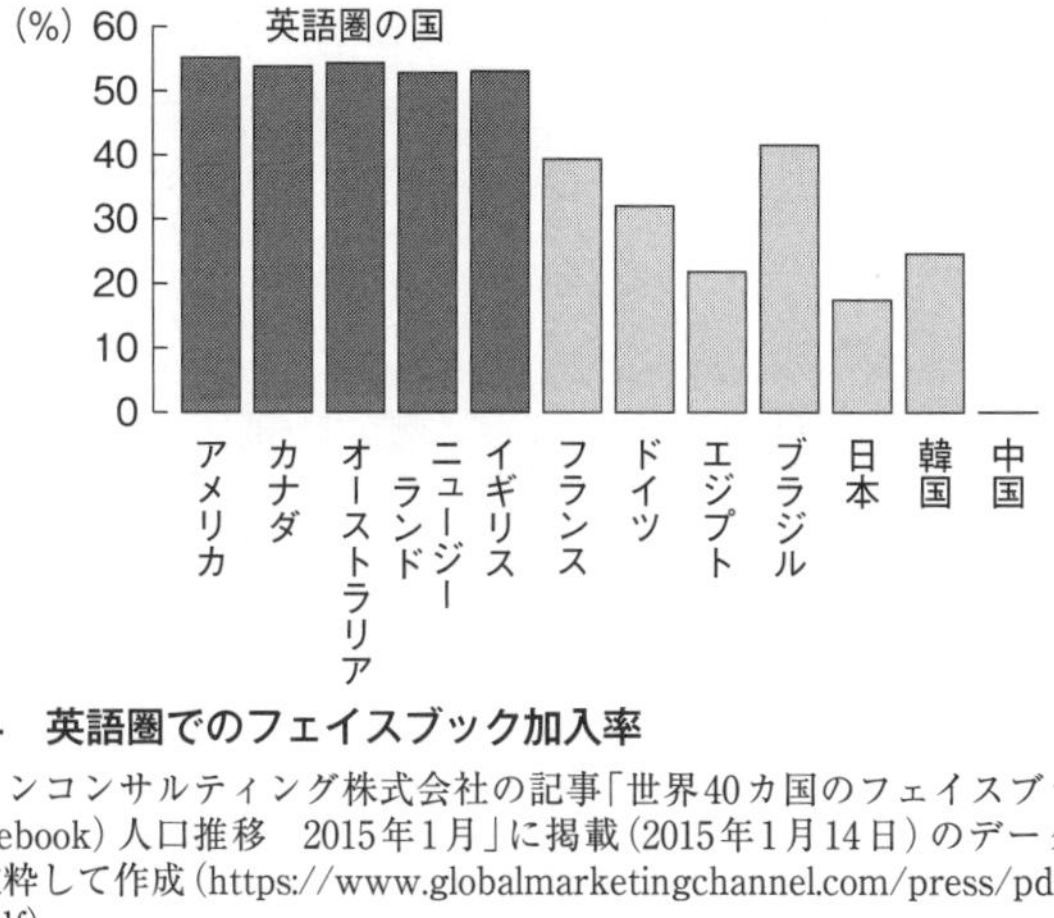

図4　英語圏でのフェイスブック加入率

アウンコンサルティング株式会社の記事「世界40カ国のフェイスブック（facebook）人口推移　2015年1月」に掲載（2015年1月14日）のデータより抜粋して作成（https://www.globalmarketingchannel.com/press/pdf/0114.pdf）

ぼ同義になっているということがわかります。これは、日本では考えにくいことです。

ところが近年、世界的にフェイスブックのユーザ数伸び率が下がってきている、というデータがあります。俗に「フェイスブック離れ」と呼ばれる現象です。むろん、フェイスブックがユーザ数を減らしているわけではなく、一時期の勢いはない、と言っているにすぎません。しかし、それまでフェイスブックをよしとしてきたユーザが、別のSNSを利用するようになっているのも事実です。どうしてこんなことが起こるのでしょうか。

「フェイスブック離れ」が話題になる際には、若いユーザの減少が例として出されることが多いようです。

当然と言えば当然のことでしょう。実名制を旨とするフェイスブックでは、少年少女も身分を明かさねばなりません。フェイスブックに投稿するとは、家族や親族に行動を明かすことです。場合によっては教師が「友達」にいることもあるでしょう。2人に1人以上の参加者がいるとはそういうことです。誰がそんなところで書き込みを行いたいと思うでしょうか？「フェイスブック・ユーザの多くは中高年である」というデータもあります。

また、こんな例もあります。日本のユーザはなぜか食事の写真を投稿することが多いそうなのですが、食事の写真を投稿するということは、「何を食べているか」を明らかにするということです。当然のこと、「昨日は寿司、今日はウナギか。俺は毎日カップラーメンなのに。ふざけんな！」と思う人もいるでしょう。

ほかにも、投稿の中には、

「こんなにかわいい女の子がいるパーティーに出席できるのか！　俺はどこにも行けないのに！」

「こんなに楽しげなところに旅行できるのか！　俺はどこにも行けないのに！」

などと思うことがあるでしょう。行動を明らかにすることは、ときとして、いわれのない嫉妬を受けることにつながるのです。

また、会社の上司がいれば、仕事以外の自分の行動を投稿しようとは思わないでしょう。友達と楽しい時間を過ごしても、誘わなかった友達の気持ちを考えれば、それを報告しようという気にはなりません。「フェイスブック離れ」は「行動が筒抜けになることから離れたい」と考えることから起こることが多いようです。

●さまざまなSNSの特徴

こと機能だけを比べるならば、どのSNSにも大きな差異はありません。多少の使い勝手の相違はあるでしょうが、どのSNSも音や動画や画像を公開できますし、メッセージ機能（メールのようなもの）も備えています。興味を持ったウェブ記事をほかの人たちに紹介する（シェアする）ことも可能です。

したがって、ほかのＳＮＳと差別化するポイントは、機能ではありません。「そのＳＮＳを誰が使っているか」です。言い換えれば、自分の行動を誰に、どういう形で伝えたいかということがポイントとなります。それは文章のみなのか。写真が掲載されているのか。動画がついているのか。それぞれのスタンスで、「何を伝えたいか」が変わってきます。

　前項で述べた「フェイスブック離れ」は、フェイスブックがＳＮＳとして大きくなりすぎ、行動を伝えたくない人が増えたことが一因となっています。人は自分の行動を知ってもらいたいと思う反面、それを秘密にしたいとも願うものです。フェイスブックは前者の特性に特化しすぎたのだ、と言うことも可能でしょう。

　したがって、フェイスブック以外のＳＮＳでは、「どうやってフェイスブックと差別化するか」をポイントとしているものが多くなっています。以下、ここでは6つのサービスを取り上げてご紹介します。

■グーグル・プラス

　フェイスブックに続く第2位の規模を持つＳＮＳですが、グーグルの各種サービスを利用するために登録したものの、ＳＮＳとしては利用していないという人がほとんどです。Ｇメールを利用している人はとても多いでしょうし、ＹｏｕＴｕｂｅに動画を公開して

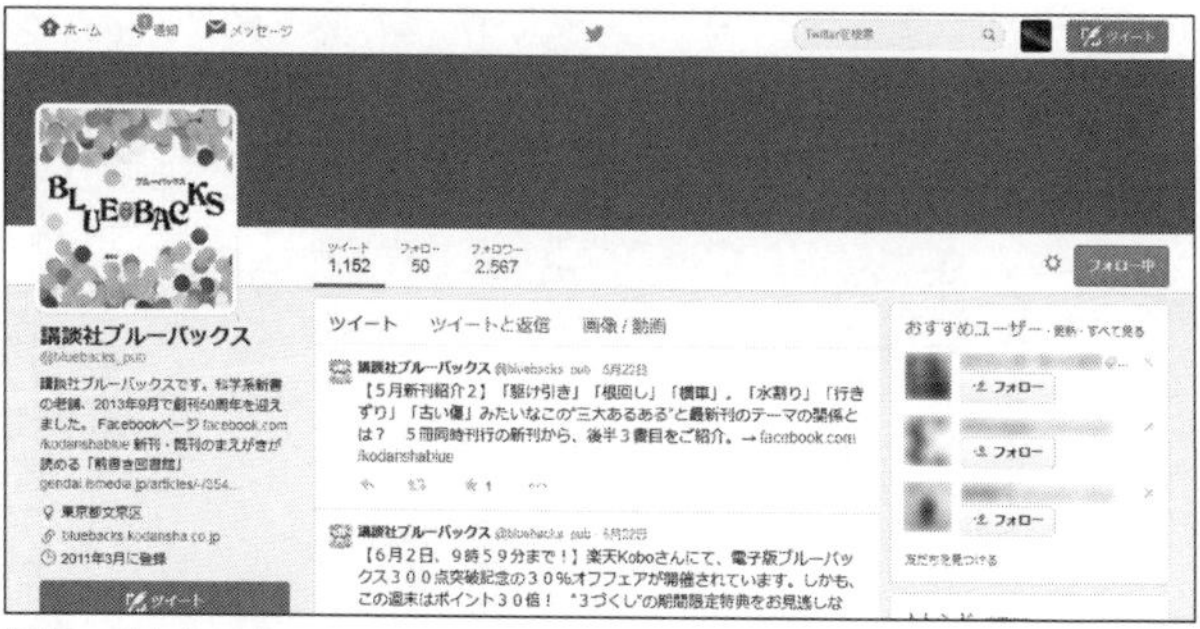

図5　ツイッター
140文字以内の投稿しか受け入れない、という仕組みを持ち、短文投稿を根づかせたサービス。ここでの書き込みを番組制作に生かすテレビ番組も多い。

いる人も多いでしょう。これらの人は、必ずグーグル・プラスのユーザになっています。また、グーグル・ドキュメントやグーグル・スプレッドシート（グーグル版のワードやエクセルのようなもの）を利用するためにも、グーグル・プラスへの登録が必要です。グーグルのＯＳであるＡｎｄｒｏｉｄにはかならずＧメールがインストールされていますから、Ａｎｄｒｏｉｄを使っている人はもれなくグーグル・プラスのユーザになっています。

■ツイッター（図5）

ツイッターの特徴は、なんといっても140文字以内の短文しか受け入れず、それ以上は投稿できない、という仕組みでしょう。当初は投稿されるデータ量の増大に制限を設ける意味で作られた制約と思われますが、現在ではむしろ「これがあるからこそツイッター」という特徴のための制約と考えてもいいと思います。

字数制限があるからこそ、伝えたいことをシェイプアップする必要が生まれました。ブログはどちらかといえばだらだら長く記すのが一般的でしたから、この特徴は大きな差別化要素となりました。ミニブログ、マイクロブログと呼ばれることもありますが、運営会社であるツイッター社は一度もそうした呼称を使ったことはありません。投稿を意味するＴｗｅｅｔとは「鳥のさえずり」を意味する英語です（「つぶやく」という表現を使っているのは日本のみです）。

後述する「バカッター」と呼ばれる社会現象を生み出し、テレビ番組の制作にも一役買っているのは、ご存じの方も多いと思います。

■ミクシィ（図6）

日本に「ＳＮＳとは何か」を伝える役割を果たした老舗のＳＮＳです。成立はフェイスブックよりずっと古く、構築に当たっては当時アメリカで勢力を伸ばしつつあったＳＮＳ、マイスペースを参考にしたといわれています。「ｍｉｘｉプレミアム」という仕組みを作り、有料会員から使用料を支払ってもらう、というビジネスのかたちを表現した点でも、

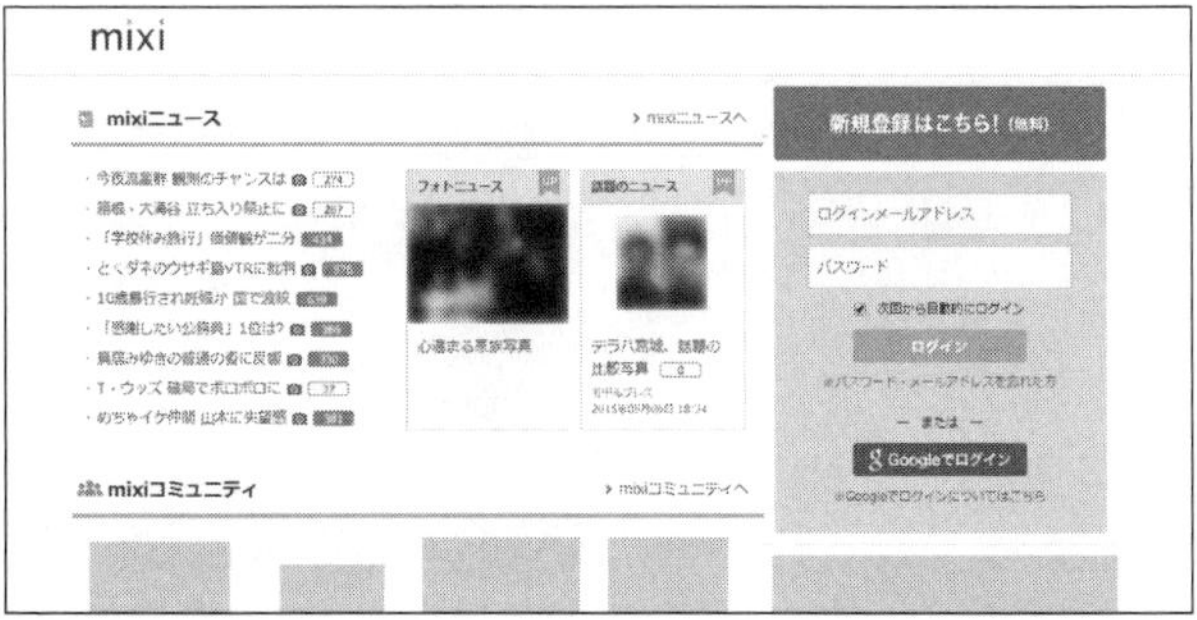

図6　ミクシィ

日本に「SNSとは何か」を根づかせたサービス。現在でも多数のユーザを持つ。英語のブログより日本語のもののほうが多いと言われていたブログ・ブームを背景に発展した。

記憶に残るSNSと言っていいでしょう。ブログブームを背景に、インターネットで日記を公開するスタイルが定着し、日記の更新が確実にユーザの知人・友人に伝えられる仕組みとして受け入れられた、という背景もあります。

SNSとしては「終わった」とか「古い」とか言われ、フェイスブックやツイッター、あるいはLINEといったところにユーザを奪われているとされるミクシィですが、ソーシャルゲームの分野では大きく成長していることが報告されています。2015年1〜3月の統計ではミクシィ社の「モンスターストライク」がガンホー社の「パズル&ドラゴンズ」を上回り、第1位になったそうです。これを原動力に、同社がみごとなV字回復を成し遂げているのは特筆すべきことでしょう。

図7　LINE

その初期においては、一対一のメッセージのやりとりがメインで、スマホやタブレットを使って利用するものとして発達した。多くの人はLINEをSNSではなく、メッセージツールと認識している。

■ＬＩＮＥ

ＬＩＮＥは現在でこそ「自分のページ」を作ることができ（ＳＮＳの大きな特徴）、パソコン向けのサービスを展開し、スマホ、タブレット、ＰＣなど各種機器でアクセスすることができるようになっていますが、かつてはトークアプリであると位置づけられていました。要するに「ＳＮＳではない」と認識されていたのです。

「ＳＮＳの定義」は諸説あって厳密にすることは難しいですが、「自分のページが作れるかどうか」は重要なファクターであるようです。ＬＩＮＥはその初期においては、一対一のメッセージのやりとりをメインに提供しており、自分のページを作ることができませんでした。多くの人は、ＬＩＮＥをＳＮＳではなく、メッセージツール——すなわち、メールの代用品として認識していたのです。この考え方は現在でも一定の支持を得ています。

フェイスブックをはじめとして、多くのＳＮＳはパソコンでの利用を前提としてスタートしました。パソコンの特徴は、なんといっても画面が大きいことです。画面が大きいがゆえに、さまざまな機能を備えることができました。

ＬＩＮＥはスマホやタブレットを使って利用するものとして発達したため、機能を多く備えることができませんでした。画面が小さくあれこれ機能を持たせられないうえに、初期のスマホやタブレットはマシンとしても非力だったため、機能の豊富さ（重厚さ）よりも、軽快な操作性が求められたのです。LINEはこうしたニーズにうまく応えたといえます。

こうした特徴を持つサービスを、ＳＮＳではなく「メッセンジャー」ないしは「メッセンジャーアプリ」「トークアプリ」と呼んでいます。ほかに、欧米では支持の強いWhatsAppや、ＬＩＮＥが大いに参考にしたと伝えられるカカオトークがあります。ＤｅＮＡ社のｃｏｍｍはＬＩＮＥの機能にソーシャルゲームをドッキングしたサービスとして話題を呼びましたが、２０１５年4月、サービスを終了しています。

また、ＬＩＮＥが興隆した当時、Ｓｋｙｐｅに代表されるインターネット通話が話題になっていました。無料通話と呼ばれるものです。これは通常の電話回線ではなくインターネット回線を使うため、通話料金の加算がありません。どんなに離れていても、どんなに長時間でも、インターネットへの接続料金だけで会話することができます。これを「無料通話」と呼んだことは、ＬＩＮＥの大きな勝因となりました。インターネット通話の特徴を表現した、みごとなネーミングだったと思います。

■Ｉｎｓｔａｇｒａｍ（インスタグラム）

誰もが携帯電話を持ち歩いています。携帯電話にはカメラ機能がついているのが普通ですから、いつでも・どこでも写真を撮ることができます。かつてはデータの容量の問題があったため、「携帯電話の写真は画質が残念」といわれることが多かったのですが、現在は高解像度でシャッタースピードも速いカメラ機能を備えた機種が多数登場しています。

写真共有ＳＮＳは、携帯電話をふくむさまざまな機器で撮影した写真を、知人・友人をはじめとした多くの人に見せるために会員になります。ここでとりあげるインスタグラムは、フェイスブックやツイッターなどと相性がいいのが特徴です。基本的にパソコンを介さずに運用することが考えられており、インスタグラム社が運営するウェブページはありません。「女の子に人気！」「オシャレな写真がいっぱい！」と話題になることも多く、さまざまなフィルターをかけて写真を加工することができます。

写真共有ＳＮＳにはほかに、PinterestやEyeEmなどがあります。

■LinkedIn（リンクトイン）

49ページの図4に見られるように、英語圏では2人に1人以上がフェイスブックに加入しています。あなたが企業の採用担当なら、次のようなことを考えないでしょうか。「彼に内定を出す前に、フェイスブックを見たい！」

リンクトインはそんな採用担当のニーズに応える「ビジネス特化型SNS」です。フェイスブックをはじめ、SNSにはそれまでの履歴が記載されます。何に興味を持っているか。どんな友達がいるか。どんな経験をしたか。すべて見ることができます。むろん、投稿しなければこうした履歴は残りませんが、履歴がないのも「SNSに興味がない」ということを述べることになります（現代においてこれをマイナスと考える採用担当はとても多いと思われます）。

次節でくわしく述べますが、プロフィールや過去の投稿は、他人から見られないように設定することも可能です。とはいえ、企業の採用担当に「フェイスブックを見せてください」と言われて、断ることができる人がそう多くいるとは思えません。

フェイスブックにはプライベートな友達や人間関係が多く含まれますが、それを捨象し、ビジネスに使用することだけを考えたSNSがリンクトインです。プロフィール欄が充実しており、かなり詳しいことが記入できるようになっています。職務経歴やスキル、アピールポイントなどが書き込めるようになっていて、完成すればかなりくわしい履歴書や職務経歴書ができあがるようになっています。

日本ではまだ活発ではありませんが、SNSを利用した就職活動も年々、一般的なものになっていくことでしょう。リンクトインは日本法人も設立され、職員採用に利用する企業も増えているようです。

2-2 SNSは「使ってもらいやすい」ようになっている

前節では、「どのSNSでも、できることはだいたい同じ」と述べました。提供されている機能はどれも似通っていることが多く、「どれかひとつを使い始めれば、他のサービスも簡単に適用できる」と言われます。

ユーザ獲得のためには、「使ってもらいやすい」ものであることが必須です。既存のSNSによって浸透した共通概念から外れると、ユーザが使ってくれない傾向があることは否めません。

●「アカウントを作る」とは

どんなSNSであっても、初めにすることは会員登録です。これを「アカウントを作る」と言います。営利目的で営まれるSNSであるならば、この手続きはとても簡単になっています。

SNSを運営している企業は、会員登録を「簡単にしよう」「わかりやすくしよう」と常に努力しています。そうしないとユーザが集まらないからです。利用者が少ないゆえにサービスを停止したSNSはいくつもあります（株式時価総額世界一の企業アップルでさえ、Pingというサービスを停止しています）。

ユーザに「むずかしいなあ」「わかりにくいなあ」と感じさせてはならない。もし「むずかしい」という声が大きければ、すぐさま対応する。それはSNSを提供する側にとって、基本中の基本と言うことができるでしょう。

ユーザは、複数のSNSに会員登録できます。たとえば、フェイスブックとツイッターの両方にアカウントを作っているという人は多いでしょう。SNSへの会員登録は、イメージとしては、スーパーやショップの会員になるような感じです。スーパーやショップにごひいきやよく行く店ができるのと同様、SNSにもよく使うサービスとそうでないものができていきます。実際に使ってみないとわからないことが多く、無料で会員登録できることもあり、とりあえずアカウントを作る人はとても多くなっています。

調査によれば、約6割の高校生がツイッターに複数のアカウントを持っているそうです。ツイッターは匿名で会員登録できるサービスなので、ひとりのユーザが複数のアカウントを持つことが可能です。たとえば、3つのアカウントを持っていて、ひとつは若い男性、もうひとつは若い女性、最後のひとつはおじさんといったようにキャラクターを演じ分けて、投稿することもできるのです。

複数のSNSにアカウントを作り、キャラクターを使い分けているユーザもいます。「ツイッターには○○という名前で投稿しているが、ミクシィでは××だ」と明かす必要もありません。むしろ、「おれはフェイスブックにしかアカウントを持ってないんだ」という人のほうが少数派でしょう。

さまざまなサービスに同じ内容の投稿をすることも多くなっています（図8）。投稿内容は同じでも、見る人がそれぞれのSNSで異なっているためです。

●SNSには「自分の場所」と「みんなの場所」がある

SNSにはたいがい、「自分の場所」と「みんなの場所」があります。図9のような仕組みになっています。

「自分の場所」は、自分が過去に投稿した内容だけが表示される場所です。あなたの近況

図8　同じ内容を複数のSNSに投稿する

内容は同じでも、それぞれのSNSで投稿を目にする人が異なるため。この例では4つに投稿しているから、アカウントも4つあることになる。煩を厭わなければ、この数は増やしていくことができる。

図9　SNSの「自分の場所」と「みんなの場所」

「自分の場所」は自分の投稿のみ表示され、「みんなの場所」には自分と友達の投稿が表示される。

図10　「自分の場所」
表示されるのは自分の投稿だけ（画面は、筆者のフェイスブックのもの）。

や、あなたが撮った写真、あなたが興味を持った記事などが表示されます（図10）。設定によっては、この場所はほかの人（友達）も見ることができますから、人はここを見てあなたの人格を類推します。あなたが過去にどんなことを書き込み、どんな写真を撮り、どんな記事に興味を示したか。ここを見れば瞭然なわけです。誰もがここを子細に見るわけではありませんが、よく見る人もいる、ぐらいに思っていればいいでしょう。

「そんなこと他人に知られたくないよ」

という人もいるはずです。その場合には何も投稿しなければいいわけですが、「ああ、この人はアカウントだけ作って何もしてないんだな」ということは他者に知られてしまいます。

「みんなの場所」はその名のとおり、あなたを含めたあなたの知り合いの場所です（図11）。「ソー

図11 「みんなの場所」
主に表示されるのは、自分の投稿と友達の投稿（画面は、筆者のフェイスブックのもの）。

シャルグラフ（14ページの図1）が表示される場所である」と言い換えてもいいでしょう。

ここには、主に2つの投稿が表示されます。「あなたの投稿」と「あなたの友達の投稿」です。登録したサービスが企業や商品のページを作ることを認めているなら（フェイスブック、ツイッター、グーグル・プラス、ミクシィ、LINEでは可能。グリーなどは認めていない）、ここにはその企業・商品ページの投稿も表示されます。

フェイスブックではこの「みんなの場所」を「ニュースフィード」と呼び、ツイッターでは「タイムライン」と呼んでいます。こうした呼び名は千差万別ですが、基本的な役割は同じものです。

ここには、自分がアップしたものも含め、あらゆる投稿が表示されます（次ページの図12）。「友

図12　「みんなの場所」に記事（投稿）が反映される仕組み

達」すなわちオンラインのソーシャルグラフ上の人が増えてくれば、ここに記事が表示されるのは本当に短い時間です。また、表示される時間は投稿によって異なります。長時間表示される投稿もあれば、逆に短時間しか表示されないものもあるなど、記事ごとに表示時間が違ってくるのです。

さらに、ここに表示されない（つまり、存在が了解されない）ものも出てきます。どの記事がどの程度の時間表示されるかは、多くがそのサービスの運営企業にゆだねられています。

えっ、○○さんの投稿は全部チェックしたいのに、見られないものがあるってこと？

そうです。特定の人の投稿を全部チェックしたければ、それを可能にする設定をしなければなりません。あるいは、目当ての人の「自分の場所」を訪ねるのを日課にする、という方法もあります。いずれにせよ、ある程度の努力を経なければ、特定の人の投稿をすべて見る、という形にはならないようです。

●SNSの「友達」はリアルな「友達」ではない

ＳＮＳでは、誰かと「友達になる」のが基本です。「友達」とは、それぞれのＳＮＳに会員登録している者同士のつながりです。「友達」になった人の投稿が、前述の「みんなの場所」に掲載されます。

フェイスブックでは「友達」、ツイッターでは「フォロワー」、ＬＩＮＥでは「友だち」、ミクシィでは「マイミク」——呼び名はそれぞれ異なっていますが、いずれも「自分の投稿が伝わる範囲内にいる者」「ソーシャルグラフの上にいる者」を指します。呼び名は違えど中身は同じと考えていいでしょう。

誤解してほしくないのですが、「友達」という呼び名になっているからといって、本当に友達になったわけではありません。「一度あいさつしただけなのに、ＳＮＳでつながっている」というのはよくあることです。

一度会っただけで「友達」だって？　冗談じゃない！　友達ってのは、もっと……。

そう考える方も多いことでしょう。このあたりの感覚は人によって違うので一概に言うのは難しいのですが、一度会っただけなのに（場合によっては実際に会ったことがないのに）「友達」と呼ぶのは抵抗がある、と感じる人も多いようです。

その気持ちは大いにわかるのですが、ＳＮＳでの「友達」の概念は、「そういうものだ」と割り切って理解すべきと思います。

●公開範囲の設定

ＳＮＳで「友達」が増えてくると、「あの人にはぜひ見てほしいなあ」「あの人には見られたくないなあ」というような要望が出てきます。そうした要望に（ある程度は）応えられるのが公開範囲の設定です。たいがいのＳＮＳはこの機能を備えています。

フェイスブックの場合、すべての投稿に適用されるように設定できるほか（図13）、投稿記事ごとにも設定できるようになっています（図14）。

２０１５年7月現在、フェイスブックでは、画面右上の「設定」から「プライバシー設定」を選択すれば、すべての投稿に公開範囲が反映されるように設定できるようになっています。今後、この操作方法が変更される可能性はありますが、プライバシー設定そのものがなくなることはないでしょう。

フェイスブックの場合、実名制を採用していますので、公開範囲を設定しないと本名で検

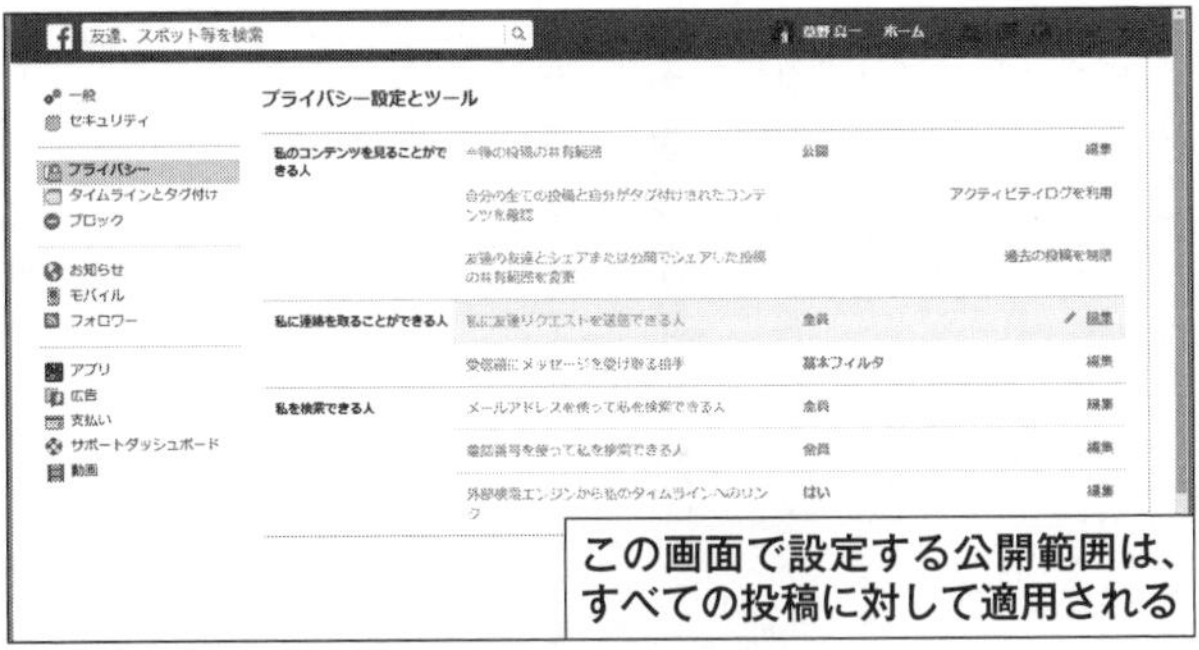

図13　フェイスブックの公開範囲設定画面

図14　フェイスブックの投稿記事ごとに公開範囲を設定できる

索するだけでフェイスブックのページが表示されてしまいます。これがデフォルト（設定そのままの状態）ですから、気になる人は変更の設定をすることをオススメします。

また、よく指摘されるのが「友達の友達まで公開」としたときの公開範囲の広さです。「友達の友達ならいいか」と考えている人も多いと思いますが、仮にあなたに10人の「友達」がいて、それぞれが同じように10人ずつ「友達」があるとしたら、記事は１０００人に公開されることになります。これはあくまで10人の「友達」がいる場合ですが、当然のことながら中には１０００人の「友達」を持つ人も普通にいます。こんな人が複数いるならば公開範囲は考えるよりずっと広くなります。注意しましょう。

●企業や商品の宣伝

多くのＳＮＳが、企業や商品の名前でページを作ることを奨励してきました。フェイスブックにはＦａｃｅｂｏｏｋページが、ミクシィにはｍｉｘｉページが、ＬＩＮＥにはＬＩＮＥページがあります。これらのＳＮＳでは、企業名や商品名でページを作るのに制約はほとんどありません。早い話が営利目的でページを作ることができるのです。これはＳＮＳによって異なっており、営利での利用を禁じているものも存在します。

フェイスブックにページを作ると、「友達」の投稿にまざってページ（企業などが構成し

図15　Facebookページ
画面はペプシのFacebookページ。ユーザがこのページに「いいね！」すると、企業の宣伝文が友達の投稿とともに流れてくる。

た宣伝文）がニュースフィードに流れることになります（図15）。原理的には全世界13億以上のユーザに商品宣伝をすることが可能であるわけで、これを役立てない手はないでしょう。ソーシャルメディアを利用してマーケティングをするので、「ソーシャル・マーケティング」と呼ばれます。

これを宣伝に利用する企業が次々に生まれましたが、残念なことに、効果をあげることは難しくなっています。その理由については、4章で詳述します。

とはいえ、ソーシャルメディアを利用したマーケティングは、企業にユーザのナマの声を届ける貴重な機会をもたらしました。

「この商品の新型はイマイチだ」
「この商品は大好きでもう10年使っている」

そんな感想は商品をクリエイトする側はなかな

か得られないものです。もちろん耳の痛い意見もありますが、次の商品開発に役立つ建設的な意見を得ることもできます。

2-3 「友達」とのコミュニケーションに使うメッセージ機能

SNSにはさまざまな機能があります。同じSNSを使っている「友達」同士でコミュニケートする際に使うのが、「メッセージ機能」です。ほとんどのSNSに備わっている機能で、中にはLINEのように、この機能に特化して発展したサービスもあります。

●メッセージ機能とは

チャット形式でメッセージのやり取りをする……早い話がメールの代用です（図16）。メールは、タイトルがあって、本文があって、というふうに形式的に書かねばならないことが多いのですが、SNSのメッセージ機能では、おしゃべりする感覚で気軽にメッセージのやり取りを楽しむことができます。メッセージの中では、気に入ったウェブページを紹介することもできますし、画像や映像などのファイルを送ることも可能です。メールでできることは一通りできる、と思っていいでしょう。

　メッセージをやり取りできるのは、同じＳＮＳに会員登録している人だけです。これは、会員登録をしなくても連絡がとれるメールや電話と比べて劣る点かもしれません。

　2－1節でも述べたように、草創期のＬＩＮＥはこうしたメッセージ機能に特化してユーザを増やしていきました。ＳＮＳのように「一対多数」ではなく、あくまで「一対一」のコミュニケーションにこだわったのです。これを実現するために「自分の場所」や「みんなの場所」は必要ありません。単にチャットのような会話ができればいいだけ。現在はこの機能だけを備えた「トークアプリ」も多数リリースされています。

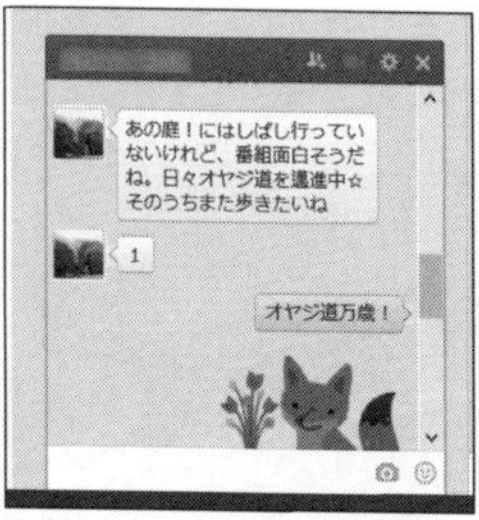

図16　メッセージ機能
会員同士でメッセージをやり取りできる。メールでできることは一通りできる（画面はフェイスブックのメッセージ機能）。

●「既読」サインとは

　どんなに仲のいい友達だって、何もかも伝えたいわけではありません。何をおいても伝えたいことは誰だってあるでしょうが、誰に対しても隠しておきたいこともまた、あるものです。少なくとも、私たちは行住坐臥のすべてを「友達」に伝えたいわけではありません。

図17　「既読」サイン

LINEの既読表示（点線枠の箇所）。アクセスした証拠なのは間違いないが、メッセージを確認した証拠ではない。

目下のところSNSには、人の行動のすべてを伝えるような機能を持つものは存在していません。できるのにやっていないのではなく、技術的に不可能なのでしょう。

しかし、望んでいないのに伝わってしまう情報は多くあります。

青少年の間で大きな問題とされているのが、メッセージアプリの「既読」サインです。

自分が誰かにメッセージを伝え、そのあとに相手がアクセスすると、書いたメッセージに「既読」サインが表示されます（図17）。

「既読」はメッセージを「既に読んだ」サインとして表示されますが、実際はメッセージを読んだ印ではなく、アクセスした印です。したがって、「既読」が表示されたからといって、メッセージが伝わったとは限りません。

とはいえ、問題の多くは、「既読」を「既に読んだ」と解釈したゆえに起こっています。

●「既読ムシ」にあえぐ子供たち

AさんがBさんにメッセージを送った場合を考えてみましょう。Bさんがメッセージを確認すると、「既読」サインが表示されます。Aさんは当然、自分のメッセージが伝わったものと理解します。メッセージがどんなものであろうと、それを受け取ったなら受け取った旨を連絡するのが人間関係のエチケットです。

問題はそのタイミングです。べつにすぐ返事しなくたっていい、空いている時間にやればいい。普通はそう考えます。Aさんは「Bさんはきっと忙しいんだろう」「返信できる状況にないんだろう」と解釈してくれるでしょう。

しかし、AさんとBさんがクラスメイトだったら？　基本的に同じ時間を過ごしているわけですから、相手がどんな状況かわかるのです。その上で返信をくれないなら、故意である、という解釈も成り立つでしょう。言葉を換えれば、「メッセージを読んだのに返事がない」状況に置かれることになります。これは、「無視されている」のとまったく同じ状況です。

無視するつもりは毛頭ない。軽視してるんじゃないんだ。大事なんだ。それをアピールするためには、返事をしたためるしかありません。すると、連絡したいことなんかないのに、ただ「無視していない」ことを表現するためだけに、終わることなく会話が続くことになります。双方とも携帯電話から離れたいと思っているのに、「無視していない」ことを表現するために、永遠に離れることができません。

「既読」がついているのに返事がない。こうした事態を、「既読ムシ」あるいは「既読スルー」と呼んでいます。

既読ムシした友達を「死んでいるからだ」と見なして、教室の机の上に花を置く悪質なイタズラも起こっているといいます。

●スマホ依存を問題視した自治体がスマホを禁止

スマホ(SNS)のもっともよくない利用法は、誰かから連絡があるたびにアラート(呼び出し)が鳴るように設定されているケースです。

電子メールが電話に比べてよいとされたのは、自分の時間で接することができることでした。

電話には呼び出し音がつきものです。呼び出し音は、こちらの事情をいっさい考えず、連絡したい人の都合だけで鳴ります。言葉を換えれば、電話とは連絡される側の都合を考えず鳴る、とてもぶしつけなメディアです。

「電話ってのは、鳴ってほしくないときに鳴るものなんだ」

そんなふうに思っている人も多いことでしょう。

もっとも、電話が鳴らないのがさみしいときもあります。鳴ってほしくて、じっと電話機を見つめたような経験が、誰だってあるでしょう。

連絡があるたびスマホのアラートが鳴るように設定している人は、そんな気持ちがあるからでしょう。すると、場合によってはひっきりなしにアラートが鳴っているような事態にもなるのです。「既読ムシ」はなくなるでしょうが、どこに行くのにもスマホを手放すことができません。いわゆる「スマホ依存」「ネット依存」の状態です。

これは決して健康な状態とは言えないのではないか。そう感じる大人たちが増えているのも事実です。自治体（市町村）単位で、青少年のスマホ使用を制限する動きが出てきています。夜9時以降はダメ、という決まりを作ることが多いようです。

むろん「禁止なんて冗談じゃねえよ」という反応はあります。また、決まりを破って夜9時以降に使ったところでバレなきゃいいのですから、使う人は使っています。決まりとはそういうものです。

ただし、こうした決まりがあることを歓迎する青少年も決して少なくないことを明記しておかなければなりません。決まりが存在することで、

「オレ、9時以降はスマホやらないから」

と胸をはって言えるのです。かりに「既読ムシ」したとしても、それは決まりを守った結

果である。そう断ることができるようになります。これを歓迎する青少年もたくさんいたのです。

もっとも、青少年のスマホ使用を自治体単位で禁じても、あまり効果がないことが多いようです。

仮にC市で夜9時以降のスマホ使用を厳しく取り締まり、全員がその決まりを遵守したとしましょう。これでC市の青少年には連絡する人がいなくなるかというと、そんなことはありません。C市に住んでいる子が決まりを守っても、そんな決まりのないD町の子は、相変わらず夜9時以降もスマホを使い、SNSなどで連絡をし続けるでしょう。友達から連絡が来ていて、それを無視するのか？　こっちは暇なのに返事をしないのか？　夜9時以降禁止と言われているからしないのか？

インターネットに国境はありません。自治体を分ける区切りもありません。人が便宜のために引いた線——国境線や自治体の区分のための線——はまったく意味をなさないのです。必然的に、決まりのない地域に住む友達からは、メッセージが届き続けることになります。

スマートフォンのような道具は、今の大人が子供だったときにはありませんでした。インターネットやパーソナル・コンピュータは、一部の好事家のものでした。そういうマイナーなものに規制は必要ありません。

現在、誰もがスマートフォンを持っています。誰もがいつでもインターネットに接続でき、誰もがいつでも連絡を取り合うことができます。

こんな事態は初めてのことです。だから対応に苦慮します。そして、どんなものでもそうですが、対策が講じられるのは事件が起きたあとのことなのです。

2-4 便利なだけではない「グループ機能」

SNSを使っていくと、いろいろな人と「友達」になります。たとえば、共通の趣味によって「友達」になった人や、飲み会で会ったからとりあえず「友達」になった人、学生時代からもともと「友達」同士の人などが、そのSNSでひとくくりに「友達」と扱われます。

この「友達」を、SNSの「グループ機能」を使って、実生活での人間関係に近いかたちで分類する人もあるようです。

●グループ機能とは

グループとは、共通の趣味や話題を持った人の集まりです。「別に広める気はないが、同好の士と話したいこと」って誰だってありますよね。グループ機能はそんな「同好の士」だ

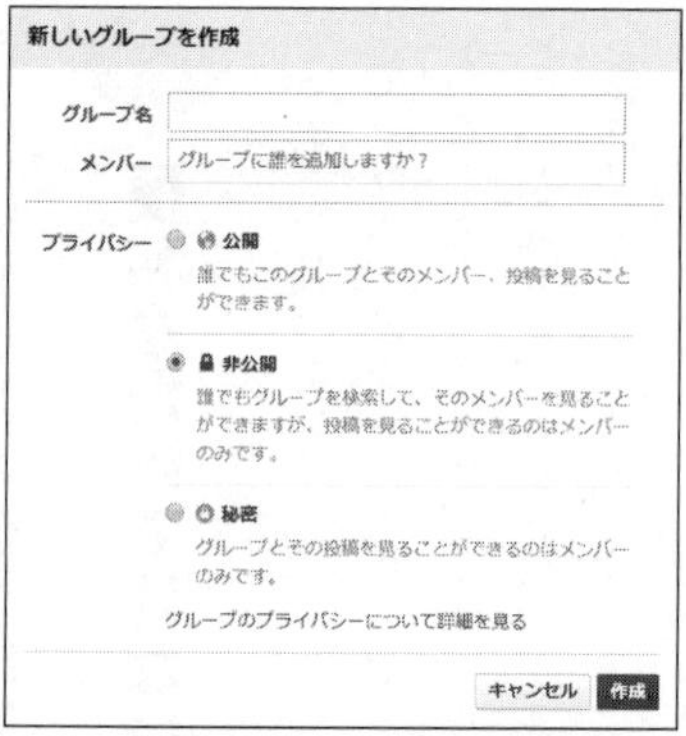

図18　フェイスブックのグループの作成画面

グループ名、メンバー、公開範囲（プライバシー）を指定する。

けで会話を楽しみたいときに利用します。

また、飲み会などで知り合った者同士が連絡をとる際に使われることも多いようです。次の会をセッティングするときなど、大いに役立ちます。グループは別に永続的である必要はないわけで、単に多くの人に連絡をとる必要があるときにも利用されます。

グループを作成するときは、グループの名前と、メンバー（同じSNSの会員）を指定するほか、グループの公開範囲を指定します（図18）。グループには、主に次の3種類が存在します。

■公開グループ

文字どおりすべてが公開されます。グループのメンバーの名前、投稿されている内容、そこでやりとりされているコメントなど、すべてグループ外のユーザも閲覧可能です。

要はグループ外でも、同じSNSに会員登録している人なら記事を見ることができる設定です。ただし、記事に対してリアクションすることは、グループのメンバーにしかできません。ステキな情報をほめたたえることも、その情報をシェアすることも、グループのメンバーにしかできません。

メンバーを増やしたい性質のグループなどは「公開グループ」とすることが多いようです。

■非公開グループ

グループそのものの存在と、グループのメンバーの名前は公開されます。ただし、そこで何が話し合われているのかは、外部からは知ることができません。内容を知ることができるのは、メンバーだけです。

したがって、参加申請はグループ名やグループの説明、構成メンバーを見て行われることが多いようです。会話は見えないからです。

■秘密のグループ

メンバー以外のユーザには、存在すら確認することができません。そこでの会話はもちろん、構成メンバーも公開されません。文字どおり「秘密」です。

業務連絡など外部に漏れてはいけない内容のやりとりをするグループや、プライベートなやりとりをする場合に、適当であるようです。

●「グループ機能」によっておきる問題

紹介した「グループ機能」のうち、青少年が作る秘密のグループは、問題とされることが多くなっています。

年頃になれば、人に聞かれたくない仲間内だけの話題や、仲のいい友達だけに話したいこともできるでしょう。理解ある大人はそう考えます。しかし、同じ「仲のいい友達」でも、SNSを介したやりとりは、大人たちが経験した教室でのそれとは大きな違いがあります。「友達」と「そうでない人」の線引きを明確にしなければならないのです。

SNSなどがない時代、教室内では、あるときはとても仲がよく、またあるときはそれほどでもない友達の存在が許されていました。いや、そういう人のほうが多かった、と言ってもいいでしょう。

ところが、SNSで秘密のグループを作るとなれば、グループに招き入れてメンバーとするのか、しないのか、で友達をハッキリ分類しなければなりません。

グループのメンバーになれない（勧誘されない）となれば、「友達ではない」と認識されているということでしょう。秘密の会話に交ざれないのですから。要するに、仲間はずれにされているということです。グループを作るほうにその気がなくても、メンバーになれなかったほうは、そう感じます。ティーンエイジャーにとって、その疎外感はとても大きなものです。

当然、「グループに誘わない」といういじめが生まれることにもなります。

さらに悪いことには、このいじめは基本的に外から見えないところで行われるのです。秘密のグループの存在は、親にも教師にも確認できません。本人が通信に使用しているスマホなどの機器をあらためて、初めて存在が知れるのです。

また、グループのメンバーになるとすれば、強制的に秘密の共有をせまられることになります。

何かの拍子で情報が外部に漏れることも、あるでしょう。たとえば、「○○君が××さんを好きだ」とか。他愛のないものに思えますが、本人たちにとっては重大な情報です。

これが外部に漏れたとき、グループのメンバーは秘密を漏らした犯人かもしれないと疑われることになります。場合によっては、漏らしてないのに犯人にされてしまうこともあるでしょう。

秘密のメンバーになるということは、そんなややこしい人間関係を背負うことになるのです。

そこにめんどくささを感じている子もあることでしょう。しかし、ひとたび勧誘を受ければ、なかなかNOとは言えません。それはこんな会話を交わすことと同義だからです。

「あなたは友達なのでグループのメンバーとします」

「私はあなたの友達ではないのでグループには入りません」

なかなか言い出せることでないのはおわかりでしょう。入りたくないのに、グループのメンバーにされている。そんな子が増えているのです。

2-5 実名SNSと匿名SNS、その性質の相違

SNSを分類するとき、実名での利用を義務づけているかそうでないかという点は、重大な相違です。本章では、どのSNSでもできることはだいたい同じと述べましたが、「実名か匿名か」でその利用術は大きく変わってきます。

●名前を明かすから旧交があたためられる

「フェイスブックをやり始めたら、高校時代の友達から連絡があったよ。何十年も連絡をとっていなかったのに、また友達になることができたんだ」

連絡の途絶えていた古い友達との交際が復活できる。フェイスブックの「よい点」としてよく聞く事象です。

旧交をあたためるためには、最低でも自分と相手が名前を明かしている必要があります。身元を隠していては、基本的に古い友達との交際復活はあり得ないからです。本書で扱っているSNSではフェイスブック、そしてリンクトインがかろうじて持っている特徴だと言えるでしょう。

フェイスブックは、ハンドルネーム（仮名）やペンネームの使用を禁止し、実名登録を義務づけています。もともと大学の名簿（facebook）をオンライン化することを目的に作られたフェイスブックは、その歴史的経緯から実名なのだ、と言うことも可能です。フェイスブック創始者であるマーク・ザッカーバーグ氏は、次のように語っています。

「私たちはフェイスブックをオンラインコミュニティとして認識していない。実際に存在するコミュニティの『名簿』として提供している」

あくまでリアルなコミュニティの延長であるのがフェイスブックだ。ザッカーバーグ氏はそう語りたいのでしょう。

実名登録はサービスの提供者にとって大きなメリットがあります。実名登録だと悪さをしづらくなるのです。名前と顔が知れていると、ネガティブな意見を言いにくくなります。「フェイスブックは『リア充』（仕事も恋愛も、現実生活が充実している――リアルが充実している――人を、ネットに耽溺する人が皮肉るときに使う言葉）ばかりで、気取った、イヤな場所だ」と語られることがあるのは、このためです。

column ❷

交流したくない友達からの申請

「旧交をあたためたい」と感じている友達ばかりならいいのですが、残念ながらそういう人ばかりではないですよね。「もうつきあいたくないと思っているのに友達申請が来ちゃったよ、どうしよう」というのは比較的よく聞く話です。そういう場合は冷たいようですが、「友達」に加えない、という手段をとることをおすすめします。意思表示を明確にしなければならないのはときとしてつらいことですが、SNSとはそういうものなのだと考えるほかありません。

●情報を誰から得るか

ソーシャルメディアを実名で扱うのか匿名で扱うのかは、一概にどちらがいいとも言えない微妙な問題です。とはいえ、真に「ソーシャルに」情報を得ることを望むならば、「あなたが誰か」はとても重要になります。

前章で述べた「新しいラーメン屋」の例は、ソーシャルメディア、ないしはSNSの特性を知ってもらうために出した例でした。あなたはきわめて近しい存在「弟」からこのラーメン屋が「うまい」という情報を受け取り、実際にラーメン屋を訪ねてみるという行動を起こしました。「弟からもたらされた」ということが重要だったわけです。情報それ自体は、ラーメン屋が自ら発信したものとまったく同じでした。

言うまでもないことですが、情報はラーメン（料理）だけではありません。本。テレビ番組。音楽。ファッション。自動車。週末のスポーツ。いくらでもあげることができます。

そのすべての情報を弟から……ではないですよね。「本ならこの人」「音楽ならこの人」「ファッションなら彼女」そんな友人・知人が、あなたにもきっとあることでしょう。彼・彼女の鑑識眼・審美眼を信頼し、「意見を聞いておこう」と思わせるような人が。

また、本人に面と向かっては言えませんが、逆に「その人の言うことを聞かないほうがいい」場合もあるかもしれません。

「あいつがほめるラーメン屋は、きっとまずいだろうから行かないでおこう」

「彼がほめる本は、きっと面白くないだろう」

そんな人がいないとはかぎりません。

いずれの態度をとるにせよ、あなたはソーシャルな情報を大いに利用することになるわけです。友人・知人といいましたが、そうでない場合もむろん、あり得ます。信頼に足る批評家や評論家の発言を参考にする人も多いでしょう。そうした言葉も、たとえば自動車メーカーが自社のクルマを紹介するために語る美辞麗句とは、まるで意味合いが違っています。

●汗のように情報を発信する

あなたの側から見た「ソーシャル」の利用価値とは以上のようなところにあります。ただし、ソーシャルグラフの上にあり、「ソーシャル」を活用しようとする以上、あなた自身も蚊帳の外にはいられません。

あなたがもし、テレビドラマについて一家言あり、一週間のドラマをほとんど見て批評を語るような人ならば、あなたの意見はきっと参考にされているでしょう。テレビ局が作る番宣より、あなたがもたらす情報を参考にする人はきっと多いはずです。

もっとも、そういう場合は特殊で、たいがいの人は自分は人様に伝えるようなことは何もない……と考えているものです。

そんな場合でも、ソーシャルメディアないしはSNSを利用するかぎり、あなたのアティテュードは知れ渡っています。どんな意見を持っているのか。何が好きか。どういう行動をとるか。どんなテレビ番組を見ているか。

弟がいいというラーメン屋にあなたが行った。「あなたが行った」という事実だけで、「訪ねてみよう」と考える人がいるかもしれません。もしそんな人がひとりでもいるならば、あなたの行動は確かに他人の行動に影響を与えたのです。

情報は一方的にもたらされるのではなく、あなた自身も発信するものになっています。前述の例でも顕著ですが、情報発信は「しよう」と意気込んでやるとはかぎりません。生きるということは、情報を生みだすということです。汗をかくみたいに自然なことです。

「あなたが誰か」を重要だと考えているのは、あなたではありません。あなたの情報を「意識する・しない」にかかわらず利用しようとするあなたの友人・知人、ソーシャルグラフの上にある人にとって重要なのです。

●日本はなぜ匿名なのか

日本においては、「ネットは匿名で扱うもの」というコモンセンスが形成されています。実名登録が義務づけられているフェイスブックが認知されることによって、他のソーシャルメディアも実名で扱う人が増えましたが、それでも欧米に比べると多くはありません。

なぜ日本では匿名なのか――。実は、この疑問に対して明確な答えは得られていません。名前を出すと害が多いからだ、とはよく言われますが、「害」が報告される前から匿名は定着していたのです。

日本はブログが大変盛んな国で、英語で書かれるブログより日本語のそれのほうが多かった時期さえあります。しかし、著名人以外で実名でブログを執筆する日本人はほとんどいません（数パーセント）。たいがいのブロガーはハンドルネームを使って記事を書いています。

一方、アメリカでは「ブログは実名で記すもの」という考え方が定着しています。かの国では早い時期に子供がネットに個人情報をさらして犯罪にまきこまれる事件が起こっていますから、その点は日本以上にセンシティブです。でも、「実名」をあらためる様子はありません。

インターネットの掲示板でも相違があります。アメリカにはスラッシュドット（Slashdot）と呼ばれる、コンピュータおたくのための掲示板があります。ここでは、匿名で発言するときは、「Anonymous Coward（匿名の臆病者）」という蔑称を甘んじて受けなければなりません。これに対して日本の某匿名掲示板では、匿名の書き込みに「名無しさん」というやさしい名前を与えるようになっています。日本における匿名は、どうも「文化の違い」というあたりに理由を求めるほかないのでは、と言われています。

次章では、スマートフォンの発達に特化してテクノロジーの発展を見ていくことにします。SNSが真に力を持ち、「権力」と呼ばれるほど強いものになるためには、それが手の中に入るサイズになり、誰もが持ち歩くものになる必要があったからです。

3章

SNSの発展を可能にしたテクノロジー

3-1 コンピュータは「小さくなる」ことを義務づけられていた

前章まで、ソーシャルメディアとは何であるか、SNSが持つ力とはどのようなものかを見てきました。

もっとも、単にソフトウェア（インターネットやSNSに代表されるテクノロジー）が進化しただけでは、SNSは力を持つに至りませんでした。たとえばデスクトップ・マシンがどんなに性能を上げ、その上でSNSが一般化したとしても、「アラブの春」の原動力にはならなかったでしょう。マシン（ハードウェア）はどこに行くのにも持って歩くことができるほどに小さくなければならなかったのです。

本章では、主としてハードウェアの進化にスポットを当て、論じていくことにします。その中で、多くの疑問が氷解するでしょう。「電話はどうして、携帯できるほど小さくなったの？」「ガラケーはどうしてガラパゴスと呼ばれるの？」「ガラケーとスマホ、違いはどこにあるの？」「なぜ日本のメーカーはAndroidばかりなの？」……こうした疑問に回答を与えることができて初めて、携帯電話がどれだけ革命的であるか、SNSがどれほど大きな力を持っているか、了解することができるでしょう。

●スマホはなぜ生まれたか

まずは、SNSの発展との関係が深いスマートフォン（スマホ）を実現したテクノロジーについて考えてみましょう。

スマートフォンを含めた携帯電話はもちろんのこと、電子レンジ、自動車、テレビ、エアコンなど、あらゆる家電製品にコンピュータが搭載されています。それらがどんどん小さくなっていることもご存じかもしれません。コンピュータが小さくならなければ家電製品の中には入らないし、ポケットに入れて持ち歩くこともできません。ダウンサイジングは世界的な潮流であり、小さくなったのはコンピュータばかりではありませんが、コンピュータがその代表格であることに異論をとなえる人はいないでしょう。

もっとも、コンピュータが小さくなったのは、単純に「それが流行だったから」だけではありません。小さくならなければ進化できない。そんなコンピュータの要請から、やむなくダウンサイジングしていった。そんな側面があるのです。

何度も言いますが、それがなければコンピュータを携帯してコミュニケーションに使うという文化は生まれませんでした。コンピュータが性能を大幅に向上させると同時に、その大きさを小さくしていったからこそ、新たな文化が生まれたのです。

わかりやすい例をあげましょう。

かつて、オフィスの隅っこに、タンス大のコンピュータが置かれていたことがありました。給与計算や売上管理など、複雑で面倒な計算はそれらのマシンが黙々とこなしていたのです。読者の中には、そんなコンピュータをご覧になったことがあるという方もきっといるでしょう。「操作したことがある」という方もあるかもしれません。

そうしたタンス大のマシンは、やがて消えていきました。性能的にずっと優れ、小さなものがリリースされたからです。

現在、あのタンス大のマシンとほぼ同じ性能のコンピュータを、誰もが持ち歩いています。そう、スマートフォンの性能はあのタンス大のマシンとほぼ同じなのです。場合によっては、スマホのほうが優れていることも多いでしょう。

短期間でコンピュータほど大きさが変わったものは、他にはありません。

サイズが小さくなり、さらには誰もが入手できるほど価格が安くなったからこそ、コミュニケーション・ツールとしての役割を発達させることができたのです。

ここにはもちろん、「携帯電話でコミュニケートしたい!」という人間の要請が存在するのですが、同時にテクノロジーの進展も決して無視することができません。

●ムーアの法則

コンピュータ・テクノロジーの進展を語るとき、必ず触れられるのが「ムーアの法則」です。

「ムーアの法則」とは、インテルの創業者のひとりであり、現在は名誉会長をつとめるゴードン・ムーア氏が1965年に提唱した概念です。「すでに破綻している」「意味をなしていない」などの批判を受けながらも、コンピュータ・テクノロジーの発展に大きな役割を果たした重要な概念と言われています。「CPUにおけるトランジスタの集積度は、約2年で2倍になる」というものです（次ページの図1）。

コンピュータの頭脳に当たる部分を、CPUと呼びます。Central Processing Unitの略で、「中央演算処理装置」と訳されます。CPUがないコンピュータは（少なくとも現在のところ）存在しません。あたかもオリンピック競技のようにその処理性能が問題になるスーパーコンピュータであろうと、あなたの手の中に収まるスマートフォンであろうと、それがコンピュータであるかぎり、必ずCPUが存在します。

人間の脳が膨大な量の情報を記憶し、折にふれてその記憶を呼び出して、さまざまなことを考えたり、腕や足、臓器など、体の各器官の制御（コントロール）をしているのはご存じ

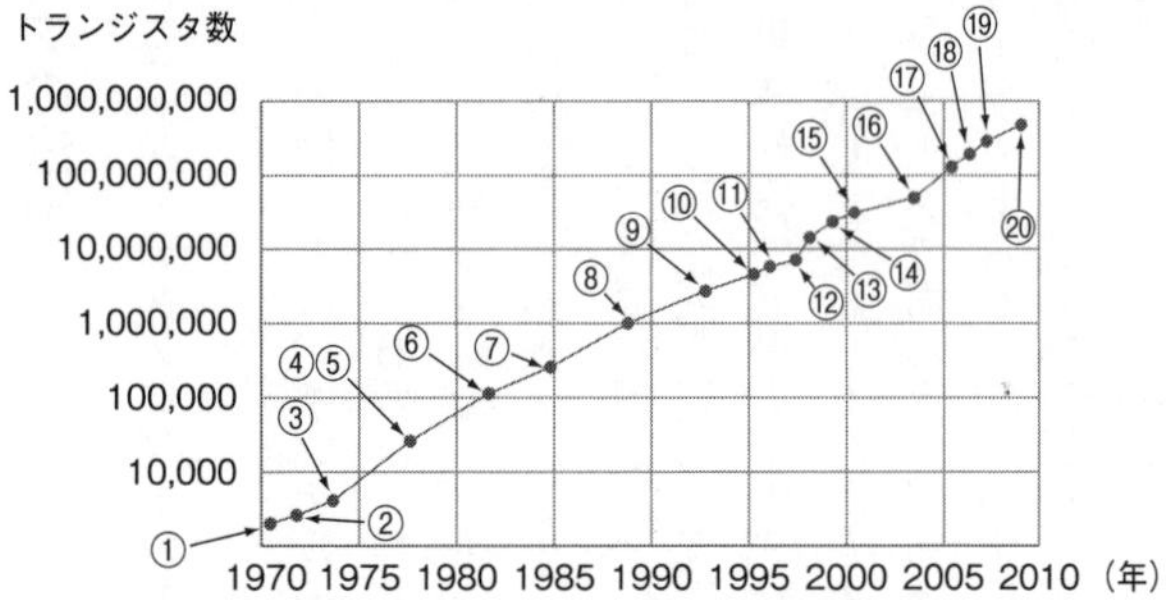

① 4004 プロセッサー
② 8008 プロセッサー
③ 8080 プロセッサー
④ 8086 プロセッサー
⑤ 8088 プロセッサー
⑥ 80286 プロセッサー
⑦ Intel 386™ マイクロプロセッサー
⑧ Intel 486™ マイクロプロセッサー
⑨ インテル® Pentium® プロセッサー
⑩ インテル® Pentium® Pro プロセッサー
⑪ インテル® MMX® テクノロジー Pentium® プロセッサー
⑫ インテル® Pentium® II プロセッサー
⑬ インテル® Celeron® プロセッサー
⑭ インテル® Pentium® III プロセッサー
⑮ インテル® Pentium® 4 プロセッサー
⑯ インテル® Pentium® M プロセッサー
⑰ インテル® Core™ Duo プロセッサー
⑱ インテル® Core™ 2 Duo プロセッサー
⑲ インテル® Core™ 2 Quad プロセッサー
⑳ インテル® Core™ i7 プロセッサー

図１　ムーアの法則

ムーアの法則とは、「CPUにおけるトランジスタの集積度は、約２年で２倍になる」という法則。しばしばITの進展の早さを表現するために使われる。

（インテルのウェブページに掲載のグラフをもとに作成　http://japan.intel.com/contents/museum/processor/）

でしょう。

コンピュータの頭脳であるＣＰＵも、ほぼ同じことをやっていると考えることができます。情報を呼び出して考える（演算する）のはＣＰＵの役割ですし、さまざまな周辺機器——モニタ、キーボード、タッチパネル、さらには工業用のロボットアームなど——の制御もＣＰＵが行っています。ただし、ＣＰＵは情報の記憶はあまり得意ではないので、その役割はメモリやディスクに任せています。

すなわち、「コンピュータの性能がよい」とは、「ＣＰＵの演算処理性能がよい」ことを指すわけです。これを表現する数値を、クロック数（動作周波数）と呼びます。この数値が大きければ大きいほど、ＣＰＵの性能がよい、と言えるわけです。

したがって、ＣＰＵ開発者の仕事の第一は、クロック数を上げることでした。

●小さくすると速くなる！

クロック数は、ひとことで言えば、「小さくする」と上がります。

ＣＰＵは、シリコン製のＩＣチップ（次ページの図2）でできています。ＩＣチップとは、微細なトランジスタの集まりです。詳しい説明は割愛しますが、クロック数は、トランジスタを小さくして、面積あたりの数を増やせば増やすほど上がります。隣り合ったトラン

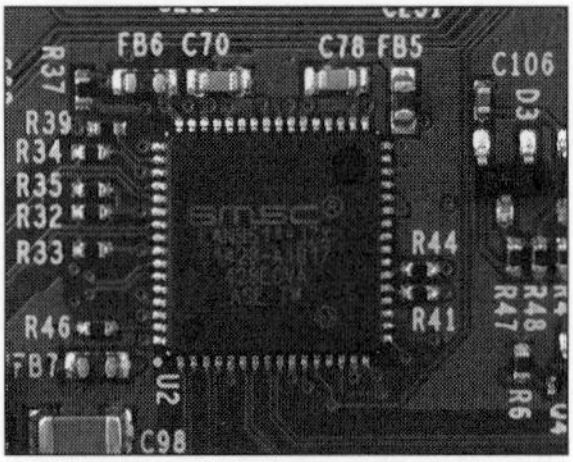

図2　ICチップ

半導体集積回路。これを小さく、狭い面積に詰め込むほどコンピュータの性能は上がる。

図3　Core i7

2015年現在、インテルの上位モデル。2008年以降、幾度も世代交代している。
写真提供　インテル株式会社

ジスタ同士の間隔は、狭ければ狭いほどいいのです。インテルの最新CPU、Core i7（図3）は指先程度のスペースに、8億近いトランジスタを詰め込んでいると言われています。

言い換えれば、CPU開発者のチャレンジは、「小さなスペースに、どれだけたくさんのトランジスタを詰め込めるか？」でした。

CPUがどんどん小さくなっていったわけがおわかりでしょう。

持ち運びに便利だから小さくなったのではありません。「小さくしないと性能向上しない」という理由がとにかく大きかったのです。

1個のトランジスタは肉眼では見えないほど小さくなり、高密度に配置されることになりました。しかしこれは、無視できない問題を生み出すことにつながりました。

トランジスタは、その性質上、小さくすると電気がもれやすくなります。電気がもれるトランジスタにきちんと仕事をさせるためには、大きな電圧をかけて、大量の電流を流さなければなりません。すると、消費電力がとても大きくなってしまうのです。

なんだ、電気代が高くなるだけか、と思うなかれ。消費電力が大きくなれば、CPUそれ自体に大きな問題が生じます。高熱を発するようになってしまうのです。当然、故障も増えます。

CPUにはたいてい、「CPUクーラー」と呼ばれる冷却装置が併置されています。これはファン（要するに扇風機です）の形をとることもあるし、「水冷」といって、水で冷やすタイプもあります。いずれにしても、なんらかの冷却装置を設けないと、CPUは熱くなりすぎて、マトモに働かなくなってしまうのです。

クロック数を上げれば上げるほど、CPUが発する熱は高くなりました。自分が発する熱で、CPUそれ自身が壊れてしまう、そのギリギリまで行っていたと言います。

また、マシンが発する高熱で、ユーザがやけどする例も出てきました。これはひと昔前のノートパソコンの例ですが、もしそのままなら、スマホなんて夢のまた夢だったでしょう。高熱を発するようなものを、ポケットに入れて歩けるはずがない！

●マルチコアの登場

「クロック数を上げるのは、もう限界と考えるべきだ。その方向での進化はとりあえず、あきらめなければならない。別の方向での進化を目指そう」

そんな考えから生まれてきたのが、マルチコアCPUです。2004年ぐらいから実用化され始め、現在は主流になっています。

以前のCPUは、ひとつのコア（核）しか持ちませんでした。コアというのは、CPUが演算を行う場所のことです。いわばCPUの心臓部と言ってよいでしょう。

マルチコアCPUは、コアの性能を高めるのではなく、これを2～8個と複数にすることによって、処理を分散し、結果として高速になるようにしています。ひとつのコアあたりのクロック数は低くても、4つあれば能力は単純計算で4倍です。10年前のシングルコア（コア1つ）のCPUよりも、クアッドコア（コア4つ）のCPUのほうが、クロック数は低くても処理性能は高くなります。

10年ほど前まで、「クロック数の数値が大きいからこのマシンの演算処理能力は高い」と言うことができたのですが、現在は一概にそう言えなくなっています。マルチコアCPUが一般化し、「クロック数は低くても、コアがたくさんあるため高性能」なケースが増えてきためです。

コンピュータは小さくなり、そのことが携帯電話を生み出しました。

近年こそスマートフォンが数多く生産され、それを持っている人が多くなっていますが、少し前まで、携帯電話はフィーチャーフォンが主流でした。フィーチャーフォンと言ってもわからない人が多いでしょう。ガラパゴス・ケータイ、通称ガラケーです。なぜガラケーと呼ばれたのか、ガラケーとスマホの相違は何か、お話ししましょう。

3-2 日本で「ガラケー」の人気が続いた理由

●「ガラパゴス」と言われた日本製携帯電話

「ガラパゴス」という言葉は、日本製の携帯電話（フィーチャーフォン）に対する蔑称、あるいは愛称として親しまれてきました。もともとは独自進化を遂げた日本製品すべてに対する呼び名だったのですが、いつの間にか携帯電話がその代表格とされてしまったのです。日本製の携帯電話は、ガラパゴス・ケータイ、略して「ガラケー」と称されることが多くなりました。

「ガラパゴス」とは言うまでもなくガラパゴス諸島からつけられた名前です。ダーウィンが進化論の着想を得たことで有名なこの島々は、大陸とは異なる進化を遂げた動物がたくさんいました。ゾウガメやイグアナが有名です（「ガラパゴス」とはゾウガメの意）。日本製の携帯電話も、ガラパゴス諸島の動物と同じように、独自の発達を遂げている、とよく言われます。

少し前まで、日本ではフィーチャーフォンを持つのが当たり前でしたから、欧米でスマートフォンのブームが到来しても、スマホを持っている人はごく一部しかいませんでした。まったく売っていなかったわけではありません。Ａｎｄｒｏｉｄだって、ブラックベリー（35ページ）だって、Ｗｉｎｄｏｗｓ Ｐｈｏｎｅだって入手可能でした。ただし、持っている人は決して多くはありませんでした。流行らなかったからだ、と言っていいと思います。欧米ではスマホのブームが到来し、1章で述べたようなジャスミン革命やロンドン暴動などの歴史的事件が次々に起こりました。こうした事件の背景には、スマホの流行、さらにはそれを利用したＳＮＳの流行があります。

スマホを持つのは早くから世界的な潮流になっていましたが、日本は明らかにこの潮流に乗り遅れていました。フィーチャーフォンを持つようになっていたのがその一因です。エコノミストたちはこぞって独自路線を歩む日本を批判し、フィーチャーフォンは「ガラパゴス・ケータイ」と呼ばれるようになっていきました。

●ガラケーは技術的に優れている

それにしても、なぜ日本はスマホ・ブームに乗り遅れてしまったのでしょうか。日本製の携帯電話が「ガラケー」と呼ばれ、ガラパゴス製品の代表格となってしまったのはなぜでしょうか。

当時のガラケーはじゅうぶんすぎるほど高性能だったから。そう断じていいと思います。以前こそ、通信規格に欧米では採用されていない方式を使っていたために、「日本の携帯電話は海外では使えない」と言われることがありました。しかし、これは2000年代にはあらたまり、以降は、海外で日本製の携帯電話を使うことに何の支障もなくなっています。

これは声を大にして主張しておきたいのですが、フィーチャーフォンは当時のスマホにはない優れた特徴をいくつも持っていました。赤外線通信（すぐ近くにあれば無線でアドレスの交換などができる）、ワンセグ（携帯電話でテレビ番組を見られる）、おサイフケータイ機能（かざすだけで買い物ができる）、防塵・防水機能。いずれも、ガラケーだけが備えていて、当時のスマホにはなかった機能です。

このうちいくつかはグーグルなど海外の企業が取り入れ、現在はスマホでも一般化していますが、いまだにスマホが持ち得ていない機能も数多くあります（スマホの機種によっては早くから装備している）。

「ガラケーは優れていた」

まず、この認識を持っていただきたいと思います。

さらに、ガラケーはスマホの大きな特徴であるウェブ接続を、かなり早い段階で実現していました。ドコモが提供するiモード（図4）に代表されるインターネット接続サービスは、1999年に始まっています。

当時の携帯電話は非力でしたから、PC用のウェブページの表示ができませんでした。iモードに代表されるウェブページ接続サービスは、「接続する機器が非力なら、表示するものを軽く、小さくしたらいい」という発想の転換によって成立したのです。携帯電話で見るサイト――ケータイ・サイトのブームはこうして生まれました。

スマホでできることは、ガラケーでもできる。スマートフォンなんて全然スマートじゃない。主としてそんな考えから、スマホ・ブームの到来が遅くなった、といえるでしょう。

●どうしてガラパゴスになってしまうのか

平成25年（２０１３年）末の時点で、日本のインターネット普及率は82・8パーセントに達しています（次ページの図5）。5人に4人がネット接続しているわけで、大した割合だと言わねばなりません。これは２０１３年のデータですから、現在はさらに多いだろうと推測できます。もちろん、スマホを持つ人が増加した（図6）ことは、インターネット普及率に大きく関係しているでしょうが、スマホを持っている人よりインターネット接続している人のほうが多いのですから、それのみでインターネット普及率が高い要因とすることはできません。

「ガラパゴスであってはならない。現代はグローバル化の時代であり、世界に向けてモノを売っていかねばならない」

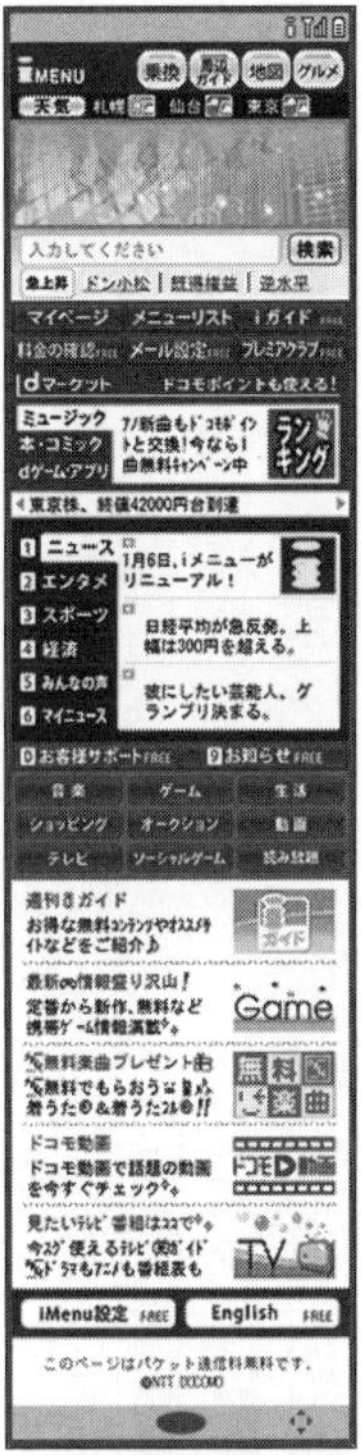

図4　ドコモのiモード

携帯電話で見るためのサイト（ケータイ・サイト）が数多く登場し、日本では「携帯電話でネット接続」は欧米より普及が早かった。

NTTdocomoのウェブサイト（https://www.nttdocomo.co.jp/service/information/imenu/index.html）より

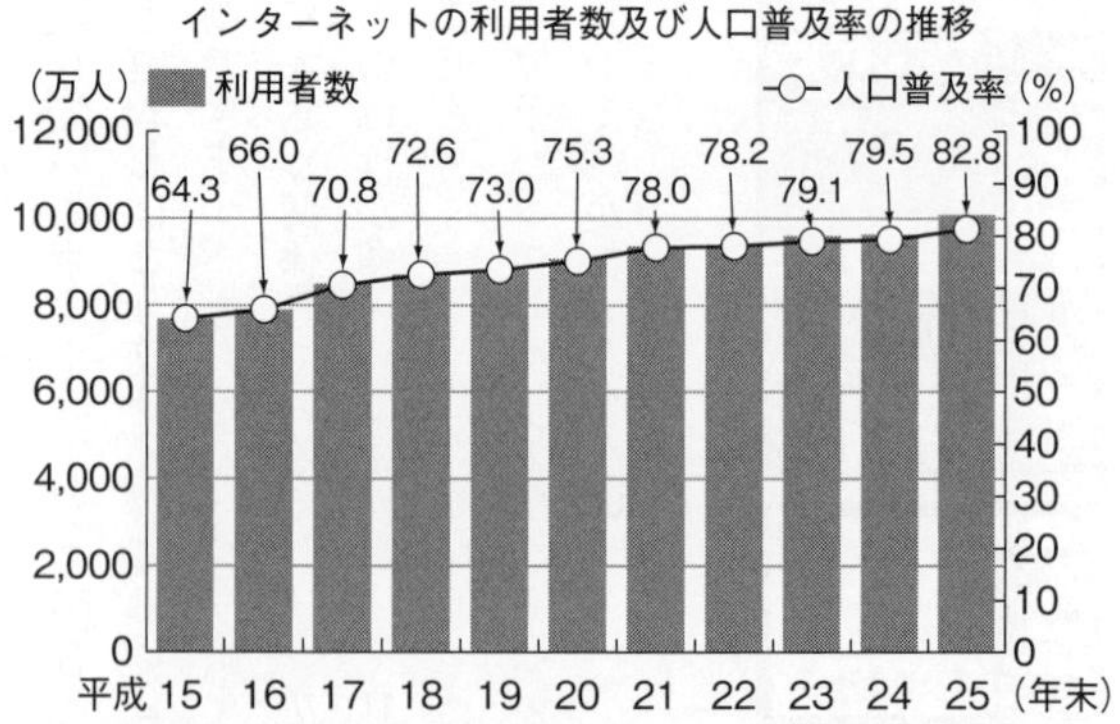

図5　日本のインターネット普及率

総務省『平成25年通信利用動向調査』に掲載のグラフをもとに作成
(http://www.soumu.go.jp/johotsusintokei/statistics/data/140627_1.pdf)

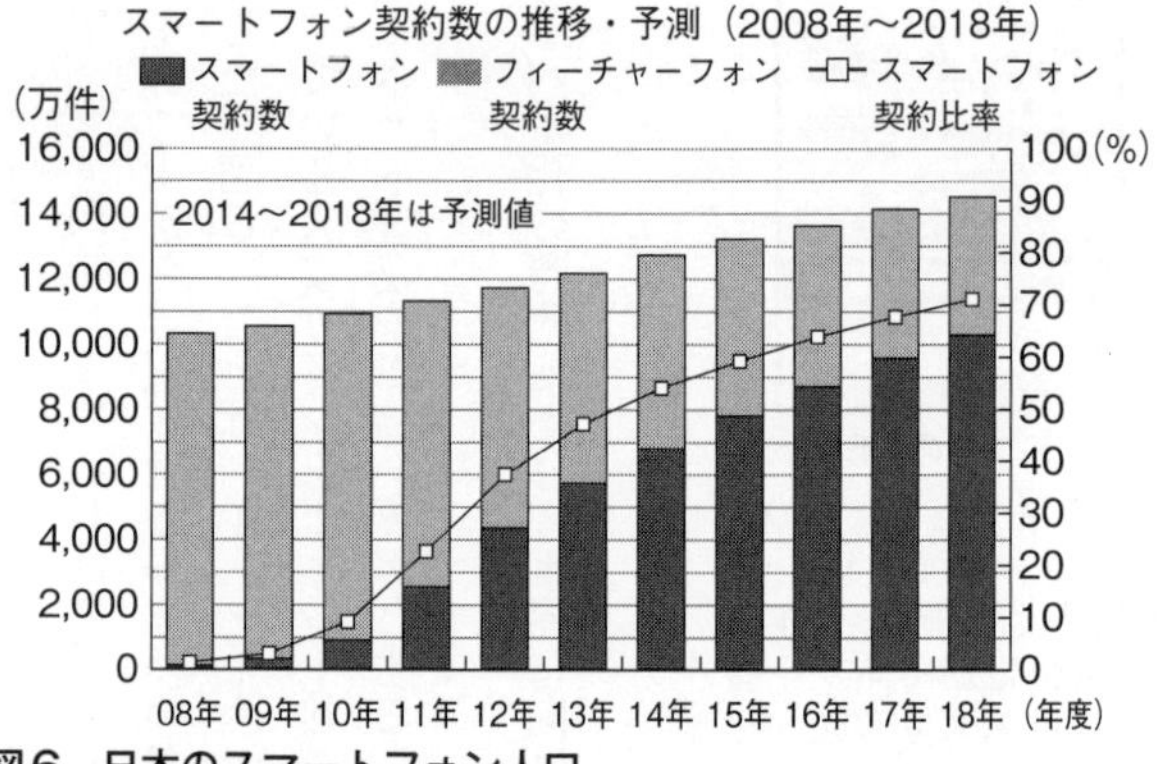

図6　日本のスマートフォン人口

総務省『平成26年版　情報通信白書』第4章「ICTの急速な進化がもたらす社会へのインパクト」に掲載のグラフ(170ページ)をもとに作成
(http://www.soumu.go.jp/johotsusintokei/whitepaper/ja/h26/pdf/index.html)

よく言われることです。それを否定するつもりはありませんが、「どうしてガラパゴスになってしまうのか」、その理由は知っておいてもいいでしょう。

日本語という特殊な言語の存在が関係しているのは、よく指摘されるところです。しかし、世界には日本語と同じように、その地域だけで話される言語がたくさんあります。日本語だけにガラパゴス化の要因を求めるわけにはいきません。

もっとも大きいのは、日本人がじゅうぶんに知的で、裕福だからだと言われています。世界に先がけて携帯電話を使ってインターネット接続できたのは、日本国民の識字率が高いことと無関係ではありません。日本には字の読めない人はほとんどいないと言われています。この環境そのものが、すでにガラパゴス的だと言うことも可能でしょう。さらに、国民のほとんどが、携帯電話を持てる程度には裕福であったことも大きく関係しています。そんな国でなければ、インターネット・サービスを提供しても猫に小判になってしまいます。

じゅうぶんに知的で、携帯電話を持てる程度に裕福な国民が1億人以上いることが、ガラパゴス化の最大の理由だと言われています。日本の企業は日本人に向けてモノを作り、売っていればよかったのです。日本の豊かな国内市場を相手にしているだけで、企業はじゅうぶんに儲けを得ることができました。

ガラパゴスで何が悪い。開き直ってそう言うことも可能だったのです。それで性能が落ちるようなら問題アリですが、すでに述べたように全盛期のガラケーは、当時のスマホと同程度もしくはそれ以上に高機能でしたから、性能が犠牲になることはほとんどありませんでした。これが「ガラパゴス」と揶揄される状況を生み出したもっとも大きな原因です。

したがって、「ガラパゴスではいけない」という意見は、必ず日本の人口減少問題と併せて語られます。

「これから人口は減るのだから、国内市場を相手にしているだけじゃ儲からないよ。世界に目を向けなきゃいけないよ」

ガラパゴス化を危惧する意見は、そこから語られているのです。

ガラケーはじゅうぶん高性能であり、当時のスマホと比べて技術面で劣るということはありませんでした。では、どのような相違があったのでしょうか。

3-3 スマホによって「ユーザの自由度」が高まる

●スマートフォンと「ガラケー」の相違とは？

2010年代に入ると、ドコモ、au、ソフトバンクの携帯電話主要3キャリアすべてが異口同音に「主力商品はスマートフォン」と表明するようになりました。以降、日本製の携帯電話（ガラケー）の生産台数が減少していったのは、ご存じのとおりです。

とはいえ、こう問われると多くの人が答えに窮するでしょう。

「スマートフォンとガラケー、どこが違うの？」

画面が大きくて、タッチパネルを使用しているものをスマートフォンと呼ぶ？

違います。タッチパネルはスマートフォンの専売特許ではなく、ガラケーにも採用している機種がありました。逆に、タッチパネルを備えていないスマートフォンも存在します。

スマートフォンのほうが何かと便利だ？

前節でも述べましたが、機能に限って考えるならば、それほど大きな相違があったわけではありません。iモードが出てきた頃の携帯電話は、携帯サイトを表示できても、一般的なウェブサイトは表示できませんでしたが、しばらくするとウェブサイトの表示機能を備えているガラケーが多くなっていました。通話・メール・撮影機能がついているのも同じです。「ガラケーではできなくて、スマートフォンだけができること」は、実は驚くほど少なかったのです。

それでは両者の相違はいったいどこにあるのでしょう？

●OSの役割が違う

スマートフォンとガラケーとの相違。それを如実に表しているのはOS（オペレーティング・システム）の役割です。

OSとは基本ソフトウェアのことです。PCならWindowsやMac、スマートフォンやタブレットならiOS（iPhoneやiPadで使用）やAndroidが有名です。

じつは、WindowsもMacもiOSもAndroidも、マシン（機械）そのものはほぼ同じ仕組みで動いており、大きな違いはありません。違っているのは、マシンの上で動くソフトウェア、OSです。

私たちがコンピュータで作業をするとき――たとえば文書を作成したり、表計算をしたりするときは、それ専用のアプリケーションを使って行います。ワードやエクセルなどを使ったことがある人は多いことでしょう。

OS、たとえばWindowsは、こうしたアプリケーションの背後で不断に動き、さまざまな役割を黙々とこなす存在です。

その役割は無数にありますが、ユーザに共通操作を提供する（ウィンドウ右上の「×」ボタンをクリックするとアプリケーションが終了する）とか、システム・リソースを管理する（複数のアプリを扱っているとき、「どのアプリにどの程度の力を割くべきか」を決定する）とか、ファイル操作を行う（ユーザの命令に応じてファイルを移動したり削除したりする）などがその代表的なものです。

われわれが「コンピュータを扱う」といったとき、それは「ＯＳを扱う」のとほぼ同義になっています。

●組み込み型OS

現代の家電は、コンピュータ制御されているのがふつうです。洗濯機にも、掃除機にも、電子レンジにも、コンピュータは搭載されています。そして、コンピュータあるところ、必ずＯＳが存在します。

しかし、洗濯機に入っているＯＳは、あらかじめ決められた操作しかできません。ＰＣ上のＷｉｎｄｏｗｓのように、ユーザの意図に従って新しくソフトをインストールしたり、すでにあるファイルを削除したりすることはできないのです。洗濯機の機能は、商品を購入したときから壊れるときまで、増えることもなければ減ることもありません。

こうしたＯＳを、「組み込み型ＯＳ」と呼んでいます。組み込み型ＯＳは、ハードウェア

（マシンそのもの）の制御をするための機能だけを備えていて、ハードウェアとほぼ一体化しています。ユーザが自由に扱える部分はほとんどありません。

●ガラケーは洗濯機と同じ!?

実は、「ガラケー」は組み込み型に近いOSが使われています。ガラケーではOSの機能を使って、通話したり、メールを書いたり、写真を撮影したりできるのですが、あらたに機能を追加したり、すでにある機能を削除したりすることはできません。これは組み込み型OSの大きな特徴です。誤解を恐れずに言えば、ガラケーのOSは、パソコンよりも、洗濯機や電子レンジのそれに近いものなのです。

洗濯機や電子レンジの機能や使い方が基本的に決まっているように、ガラケーの操作方法もほぼ決まっています。たとえば、同じタイプの携帯電話なら、メールやアドレス帳の使い方は誰のものでも買ったときからずっと同じです。やり取りするメールの内容やアドレス帳の中身は個人ごとに異なっていても、それらを使う際の操作そのものに大きな相違はありません。

スマートフォンとガラケーでもっとも違っているのはこの点です。スマートフォンなら、パソコンと同じようにユーザが自分好みのメールソフトやアドレス帳をインストールして使うことができます。少々大げさですが、スマートフォンのユーザが100人いたら、100とおりの使い方がある、と言ってもいいでしょう。ユーザの自由度がきわめて高いのが、スマートフォンの大きな特徴になっています。

●スマートフォンはクラウド・コンピューティングと相性がよい

したがって、「スマートフォンとは小さなパソコンである」と理解することができます。どうして携帯電話をパソコンみたいに扱う必要があるのでしょうか？ もっとも大きな理由は、スマートフォンが「クラウド・コンピューティング」と呼ばれるIT利用術と相性がよかったことです。

クラウド・コンピューティングとは、かんたんに言えば手元にあるコンピュータから、ウェブ上の各種サービスを利用することです。ウェブ上に用意されている機能を使うことで、マシンそれ自体が持つ能力以上の作業をこなすことが可能になります。組み込み型OSはあらかじめ決められた方法でしか使えないことが多いため、ウェブ上のサービスは利用しにくくなっています。

スマートフォン流行の理由のひとつは、クラウド・コンピューティングの一般化と大きな関わりがあると言えるでしょう。

●スマートフォンには、ガラケーになかったリスクがある

スマートフォンには、ガラケーにはなかったリスクがつきまといます。ユーザが自由にアプリケーションをインストールし、自分好みの使い方をすることができるスマートフォンは、「どんなプログラムも実行できる」能力を備えています。

どんなプログラムも実行・削除できるのですから、ひょんなスキに、ユーザが望まないプログラムが入りこんで、実行されてしまうことも当然あります。いわゆるコンピュータ・ウィルス、もしくはマルウェアと呼ばれるのはこの類です。「悪質なプログラム」と言い換えてもいいでしょう。こうしたプログラムは、コンピュータにインストールして使用されるものがとても多くなっています。

コンピュータには、ユーザの命令――「○○というアプリを開け！」と、悪質なプログラムの命令――「システムをめちゃくちゃにしろ！」を聞きわける術がありません。どちらも単なる命令にすぎず、命令された以上は実行するしかないのです。

スマートフォンはパソコンと同じですから、ユーザによる自由な設定ができます。ユーザが自由に扱えるということは、ウィルスなど悪質なプログラムもまた自由に扱えることを意味します。

組み込み型ＯＳならば、こうしたプログラムが入り込むスキはありませんでした。ユーザが機能を追加できないということは、悪質なプログラムが追加されることもないということです。したがってガラケーはスマホよりずっと安全に運用することができました。

スマートフォンは「小さなパソコン」である以上、パソコンと同じ病気にかかるのです。ちょうど、われわれが自動車を得ることによって、移動の利便性とひきかえに排気ガスに汚染された空気を呼吸することを余儀なくされたように、テクノロジーの発展による利便性には、大きなリスクがともなうものです。それは、テクノロジーを扱う際の鉄則と言ってもいいかもしれません。

●ガラケー＋スマホ＝「ガラホ」

本節では「ガラケーとスマホの違い」について述べてきました。

報道機関の発表によりますと、組み込み型のＯＳを搭載した「ガラケー」は生産終了が決定したそうです。ただし、ガラケーの特徴であるとされる、折りたたみ式の形状や物理ボタンの入力方式がなくなるわけではありません。なくなるのは、多くは日本製だった組み込み型のＯＳです。ＯＳはすべてＡｎｄｒｏｉｄになることが発表されています。後述しますが、Ａｎｄｒｏｉｄはハードウェアに合わせたチューニングが可能です。愛称は「ガラホ」

(ガラケー+スマホ!)となることが決まっています(図7)。

「ガラホ」がガラケーとスマホ、どちらに近いものになるかはここまで読まれた方はおわかりでしょう。ガラホはOSがAndroidですから、形状がどうあろうとスマートフォンです。当然のことながら、スマートフォンのメリットとリスク、それぞれを受け継ぐことになります。

次節では、スマホの特徴とされることが多い「アプリ」についてお話しします。

図7　ガラホ

ガラケーの特徴である折りたたみ式の形状や物理ボタンを備えた外見からは判別しにくいが、OSは従来の組み込み型ではなく、Androidである。

写真はNTTドコモから発売されるARROWSケータイF-05G(写真提供　富士通株式会社)

3-4
「アプリ」が「ウェブ」を無意味にする？

●「アプリ」とは何か

「アプリ」とは何か、と問われれば、多くの人はスマホやタブレットの画面にぞろぞろ並んだアレ、タップして使うアレを思い浮かべるでしょう。むろん間違いではありませんが、正解とは言えません。なぜなら、画面に並んでいなくたって、タップすることができなくたって、「アプリ」と呼ぶからです。

アプリとは、アプリケーション（Application）の略です。コンピュータを扱うとき、人はたいがい何かの作業（計算したり、整形したり、接続したり）を行っています。これらの役割をこなすものをアプリケーションと呼びます。したがって、スマホやタブレットの画面に表示されたものはもちろん、パソコン上のものも同様にアプリと呼びます。

早い話が、パソコン上の「メモ帳」だって「エクセル」だって「アプリ」です。もっとも、パソコンでは「アプリ」ではなく「ソフト」ないしは「ソフトウェア」と呼ぶことが多くなっています。「アプリ」と呼んだときはスマホやタブレットの画面に並んだアレを意味することが多くなっているようです。

スマートフォンやタブレットで「アプリ」を利用することが、インターネット利用術を大きく変えるのではないか、という意見があります。その意見に耳を傾けてみましょう。

●「アプリ」を使うことが「ウェブの死」につながる？

パソコンやスマホ、タブレットを併用している人にとっては、使用している機器がどれであるかは、あまり大きな問題ではありません。どの機器でも同じように表示できるからです。

たとえば、ノートパソコンとiPhone、Androidタブレット、3種類の機器を持っている人が、それぞれの機器でフェイスブックの自分のページにアクセスするとしましょう。いずれの機器も、フェイスブックのページを表示します。ノートパソコンではブラウザが、iPhoneではiOS用のフェイスブック・アプリが、Androidタブレットでは Android用のフェイスブック・アプリが、それぞれページを表示するでしょう（図8）。

どの機器でも、フェイスブックの同じページを表示できます。見栄えの点で多少の相違がありますが、表示される内容はまったく変わりません。また、どの機器でもフェイスブック

図8　フェイスブックの同じページをパソコン（Windows）、iPhone、Androidタブレットでそれぞれ表示させた様子

細かな点で見栄えが異なるが、表示される内容は同じになる。ユーザはどれで接続しても同じ内容を見ることになる。

そのものの使い方は基本的に変わりません。

　でも、そうじゃないんだよ、彼がしていることはそれぞれ意味合いが異なるんだよ——そう指摘したテキストがあります。インターネット・オピニオンを代表する雑誌『ワイアード』の2010年の特集「ウェブの死（The Web Is Dead）」がそれです。1章でふれたクリス・アンダーソン氏（19ページ）もほぼ同様のことを主張しています。

　その主張を端的に要約するとこういうことです。

「パソコンを使って情報を得ようとするとき、たいていはブラウザを使うだろう。だが、スマホやタブレットはそうではない。アプリを使う。これは『ウェブ』という仕組みの変容と、その死を表現している」

　どうして、「アプリ」を使うことが「ウェブの死」につながるのでしょうか。そして、ウェブが死ぬとどうしていけないのでしょうか。

●「リンク」という仕組みを備えていないアプリの増加

「ウェブの死」という主張を理解するため、まずは「ウェブ」というものがどういうものなのかからお話ししていきましょう。

図9に示すとおり、パソコンの生産量は目に見えて落ちてきています。理由は多くの人が考えるとおり、スマホやタブレットに売り上げがシフトしているためです。

それにともない、人々のインターネットへの接続方法は変わりました。かつてはブラウザを用いて眺めるものだったインターネット（ワールド・ワイド・ウェブ＝WWW）が、アプリを介して眺めるものに変わっているのです（図10）。

眺め方が変わっても、「インターネット」そのものはなくなりません。インターネットとは、コンピュータのつながりを意味します。あなたの手の中のスマートフォンも、目に見えない電波という線で別のコンピュータとつながっています。「地球上のあらゆる場所に広がったコンピュータのつながり（ネットワーク）」、これがインターネットの正体です。

このネットワークの応用技術として、主にふたつのものが発達しました。ひとつは電子メール。インターネットを介した個人同士のつながりです。

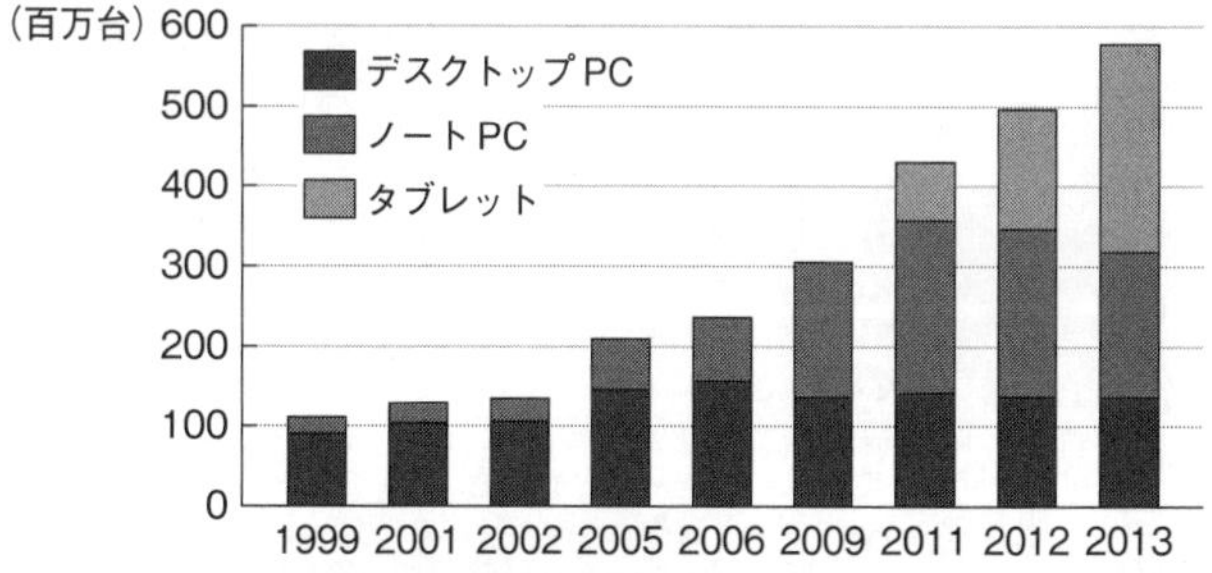

図9　世界におけるPCの生産台数推移

パソコンの出荷台数はデスクトップ、ノートともに減少し、タブレットを利用する人が増加している。

総務省『平成26年版　情報通信白書』第2章「ICTによる成長と国際競争力強化」に掲載のグラフ(50ページ)をもとに作成(http://www.soumu.go.jp/johotsusintokei/whitepaper/ja/h26/pdf/index.html)

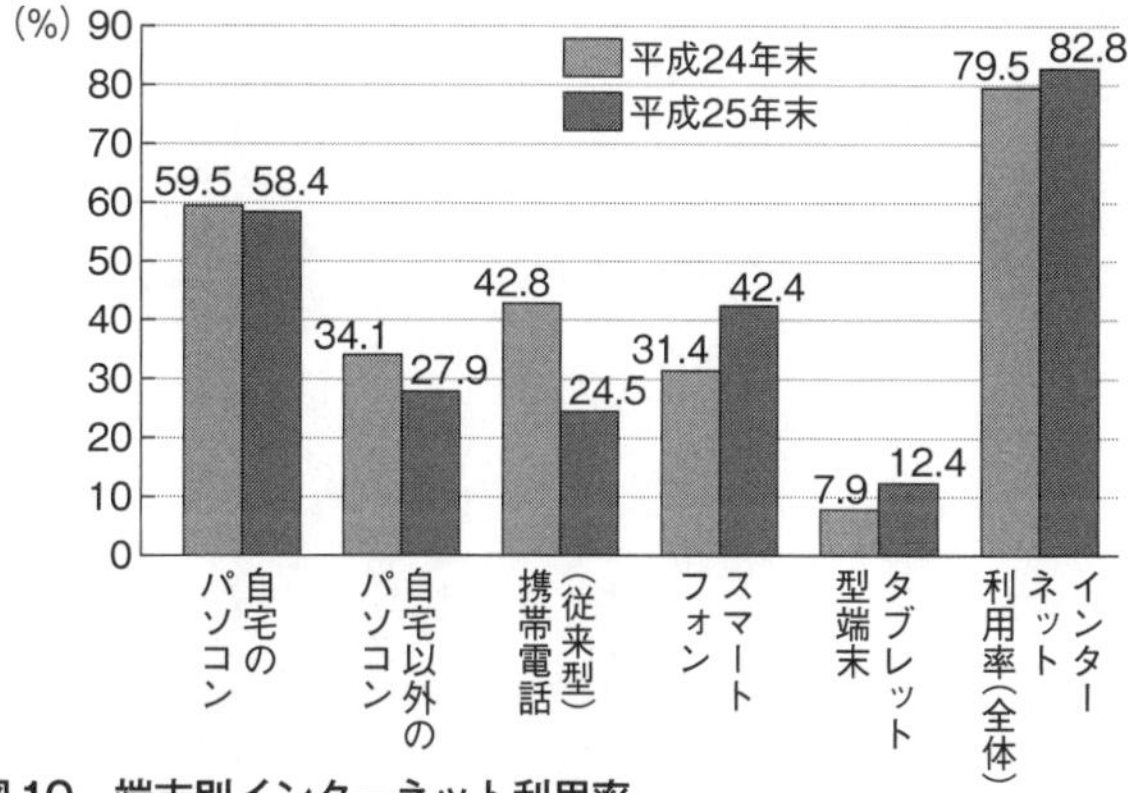

図10　端末別インターネット利用率

パソコンや携帯電話でのインターネット利用が減り、スマートフォンやタブレットでのインターネット利用が増えている。

総務省『平成25年通信利用動向調査ポイント』に掲載のグラフ(3ページ)をもとに作成(http://www.soumu.go.jp/johotsusintokei/statistics/data/140627_1.pdf)

もうひとつが、ワールド・ワイド・ウェブ＝WWWです。直訳すると「世界サイズのクモの巣」になります。これは、ウェブページ（「ホームページ」は誤用）が、「リンク」という仕組みを持っていたため、世界サイズに広がったものです。

ウェブページは当初、学者や研究者が論文を掲載するために用いられました。論文に引用はつきものです。引用するたびに別の文書へのリンクを張っておけば、読者（同様に学者や研究者であることが多かった）は、それをたどり、元のテキストに接することができます。これは紙にはない重要な特徴であり、これがあるからこそWWWは「世界サイズ」に広がっていったのです。

ところが、多くの「アプリ」はリンクという仕組みを持ちません。むろん、あなたのフェイスブック・アプリは、リンクをタップするとブラウザ・アプリが立ち上がって、該当ページにアクセスできるようになっています。しかし、リンクを備え、表示のために別のアプリの力を借りるものはどんどん減っています。

「アプリ」の爆発的な増加は、リンクというウェブページ独特の仕組みが力を失っていく過程なのだ、と考えることも可能でしょう。

●「ウェブの死」は自由の喪失を意味する

もうひとつ、「アプリ」が支配的になることで大きく変わった点があります。それは、「アプリ」の隆盛と、それにともなうウェブの権威失墜による、「自由の喪失」です。前述の「ウェブの死」という少々大袈裟な物言いは、この側面を考えたためだと言えるでしょう。

さきに述べたように、フェイスブックのページを見る際、パソコン上のブラウザとｉＰｈｏｎｅ、Ａｎｄｒｏｉｄでは、表示される内容に大きな相違はありません。

しかし、ｉＰｈｏｎｅとＡｎｄｒｏｉｄで使う「アプリ」の出どころを考えたとき、ブラウザを使って接続するウェブとの相違は明確になります。

ｉＰｈｏｎｅやＡｎｄｒｏｉｄのアプリは、それぞれアップルが管理する場所（「アップ・ストア」）とグーグルが管理する場所（「グーグル・プレイ」）からダウンロードしたものをインストールします。それぞれ管理者がいて、アプリを審査する人が存在します。アップル、ないしはグーグルが「ダメ」と言ったらそれでおしまいです。

これに対し、ＷＷＷは、ＨＴＭＬ（ウェブページを作るための言語）の知識さえあれば、誰もがページを持つことができました。そこには管理者がおらず、基本的には何をやっても、何を表現しても自由だったのです。まったくの自由であること。それがＷＷＷの特性です。

たとえば、２０１５年5月現在、アップルはビットコインによる決済を認めていません。

したがって、ビットコインでの決済機能を備えたアプリは存在することができなくなっています。なぜ？　管理者であるアップルがダメと言っているからです。これが「自由の喪失」でなくてなんだろう！　管理者のいないWWWでは、こんなことは絶対にありません。

もっとも、ものごとにはいい面と悪い面があります。「ウェブの死」を主張した人も、それがもたらす「いい面」にふれることを忘れてはいません。

WWWはあまりに早く発達しすぎたために、人類が長い時間をかけて構築した「市場」を取り入れることができませんでした。そのため、「インターネットはタダである」という〝常識〟を育ててしまったのです（詳細は後述します）。

「アプリ」ならそんなことにはなりません。いくつかの「アプリ」は有料で売られています。制作者に金銭的な報酬をもたらす仕組みを、誕生したときから持っているのです。これは、「タダが常識」のWWWが持ち得なかった仕組みでした。

●ウェブは死にはしない、しかし「死」は進行する

世界最大のSNSであるフェイスブック、そして第2位のグーグル・プラスは、ウェブに軸足を置いています。彼らがウェブページを作らなくなるのは、今しばらく先になりそうです。

「ウェブの死」という言い方が問題なのであって、ウェブが絶滅するわけではない。勢いが弱まるだけだ、という意見もあります。筆者も同感です。

恐竜が絶滅しても、爬虫類すべてがいなくなったわけではありません。ワニやトカゲは生き残ったのです。ウェブも同じように生き残るだろうと思っています。

もっとも、ウェブの「死」は確実に進行するでしょう。事実、しているのです。

たとえばＬＩＮＥは、スマートフォンでの利用を背景に広がりました。現在はパソコンを使っての利用もできますが、ＬＩＮＥが始まったとき、パソコン版のサービスは提供されていませんでした。すなわち、その初期においては、「アプリ」を使っての利用しか考えていなかったということです。パソコン版のサービスが加わっても、基本的にはスマホの「アプリ」での利用が中心であることは変わりません。

「インターネットの利用」といえば、「ウェブページ（ホームページ）を持つ／見ることである」という時代が長く続きました。しかし、現在はスマホないしはタブレット用の「アプリ」のみ用意されていて、パソコンではアクセスできないものも増えています。今後ますますこうしたケースは増えていき、従来のＷＷＷという仕組みが無意味なものになっていくでしょう。

グーグルはガレージで生まれました。フェイスブックは創業者のマーク・ザッカーバーグ氏の寮の部屋で生まれています。いずれも、誕生したときは取るに足らない存在でしたが、現在は世界有数の大企業となっています。

こうした企業の誕生や成長も、WWWという自由な世界（「フロンティア」と言ってもよい）が存在したからこそ、可能だったと言えるでしょう。

「インターネットを利用する」ことが、スマホやタブレットの「アプリを利用する」ことを前提とするかぎり、グーグルやフェイスブックのような企業が生まれることはあり得ない、と言い切っていいと思われます。

理由は簡単です。アプリの開発者は、iOS、ないしはAndroidから離れて存在することができないからです。ガレージや寮の部屋で生まれようと、アプリには誕生した瞬間から大企業がついています。

本節で述べたとおり、iPhoneとAndroidはスマホの両巨頭だということができます。次節では、両者を比較してみましょう。ただし、いわゆる性能比べではありません。両者の存立基盤、すなわちビジネスモデルの相違を語ろうと考えています。この相違がわかると、両者の違いが手にとるようにわかります。

3-5 iPhoneとAndroid

スマホと言われて思い浮かぶのは、iPhoneとAndroidです。両者の見た目や操作性はとてもよく似ています。

しかし、両者の存立基盤、すなわちビジネスモデルはまるで違います。わかりやすく言うと、どうやってお金を儲けるか、その考え方がまるで異なっているのです。特にグーグル（Android）の考え方は、「インターネット以降に生まれた企業」の特殊性を表している、と言ってもいいかもしれません。

●ドコモがiPhoneの販売を渋っていた理由

1位Android。2位iOS。大きく離されて3位以下が続く……世界のスマートフォンとタブレットのOSランキングです（次ページの図11）。マイクロソフトが一時期の勢いを失ったと言われるのは、このレースで大きく後れをとっているからです。1位のAndroidは、今後安価な機種が陸続とリリースされるため、さらにシェアを伸ばすのではないかと言われています。

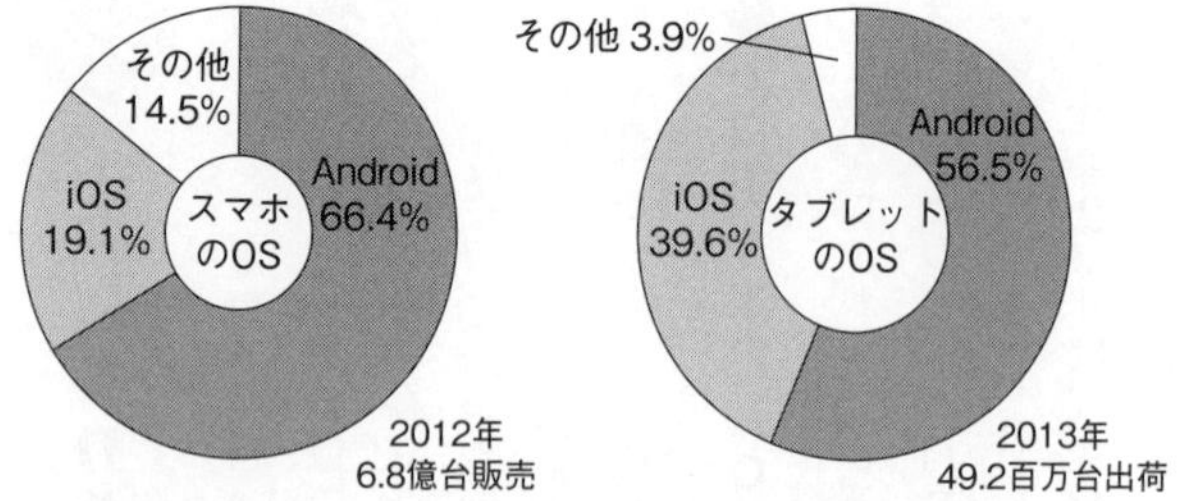

図11　世界のスマートフォンとタブレットのOSのシェア

世界的には、Androidのシェアは圧倒的だということがわかる。
総務省『平成25年版　情報通信白書』第1章「『スマートICT』の進展による新たな価値の創造」に掲載のグラフ（55、56ページ）をもとに作成（http://www.soumu.go.jp/johotsusintokei/whitepaper/ja/h25/pdf/index.html）

一方、このランキングを日本に限定すると、興味深い事実が浮かび上がってきます。日本国民は世界に冠たるｉＯＳ大好き国民なのだということです。２０１４年のあるデータによれば、日本のスマートフォン／タブレット・ユーザの過半数がｉＯＳを使っています。

もっとも、これは「優れたものはよく売れる」という言わば当然の事実を示しているにすぎないのかもしれません。現在でこそあまり主張されなくなりましたが、その初期において、ｉＯＳはＡｎｄｒｏｉｄよりはるかに完成度が高いＯＳでした。

ｉＯＳの利用者が多いということは、そのＯＳが搭載されているｉＰｈｏｎｅやｉＰａｄの利用者が多いということです。

そんな中、日本の通信最大手であるＮＴＴドコモは、長いことiPhoneを販売しようとしませんでした。iPhoneの製造元であるアップルは、それを販売するに当たり回線事業者に30パーセントのマージンを要求します。iPhoneを売ったって儲からない。まして、ドコモはiモードの開発元であり、最大手の事業者としてのプライドがあります。早い話が、アップルの軍門にくだるのを潔しとしなかったのだと考えることができるでしょう。

ドコモがiPhoneの販売に踏み切ったのは、iPhoneなくしてユーザの流出を食い止めることはできないと判断したためだと言われています。

では、iPhone（iPadも含む）が、どのようなビジネスモデルで成り立っているのかを見ていきましょう。

●iPhoneのビジネスモデル

パーソナル・コンピュータとその周辺機器しか生産していなかった当時から、アップルの考え方は一貫していました。「垂直統合型」でモノを生産することです。

もっとも、これだけでは何のことかわかりませんね。簡単に説明してみましょう。例として、パソコン用のOS――WindowsとMacの違いに着目することにします。Windowsはマイクロソフトの、Macはアップルの OSです。前述のように、コンピユータとは基本的にどれも同じ仕組みで動くものです。したがってWindowsパソコンだろうがMacパソコンだろうが、基本的な動作は同じです。にもかかわらず、両者は別々に販売されていることが多くなっています。

Windowsパソコンをリリースしているメーカーは、パナソニックや東芝、NEC、DELLなどたくさんあります。Windowsとは、幾多のハードウェア会社・周辺機器メーカー（電気製品メーカー）を巻き込んだ一種の世界的なプロジェクトだということができます。したがって、「どんなハードウェアの上でも動作する」という平均的な仕様が必要なのです。Windowsは東芝製のハードウェアの上でも、NEC製のハードウェアの上でも、同じように動作しなければなりません。ハードウェアの開発元はさまざまです。DELL、NEC、ヒューレット・パッカード、レノボ……どれでも同じように動作するのがWindowsです。当然のこと、ドライバ・ソフト（周辺機器を動作させるためのソフトウェア）も、いくつも備えておかねばなりません。そうでなければ各社それぞれの機械を同じように動作させることはできないからです。

Macはこの点が大きく違っています。ハードからソフト（OS）まで、すべてをアップル一社が管理・決定しています。

ここには、大きなメリットがあります。ハードやソフトがあらかじめ決められていれば、商品や道具としての完成度は、飛躍的に高まるのです。すべての周辺機器に対応しようとすれば、どうしても複数の仕組みを持たざるを得ませんが、あらかじめ仕様が決められていれば、そのための機能だけを備えればいいのです。チューニングもそこに向けて行うことができます。

ｉＰｈｏｎｅやｉＰａｄには、Ｍａｃにあった「一種類のハードだけを持つ」という特徴が生きています。「垂直統合型」とは、いわばハードもソフトも合わせて生産する方法であり、コンピュータの分野ではアップルが行っているやり方です。

●Ａｎｄｒｏｉｄのビジネスモデル

一方、Ａｎｄｒｏｉｄはそうではありません。

ＡｎｄｒｏｉｄのスマホはＳＯＮＹやシャープ、東芝など、さまざまなメーカーが生産しています。すなわち、Ａｎｄｒｏｉｄは「どんなハードウェアの上でも動作する」という、Ｗｉｎｄｏｗｓと同じ特徴を備えている、と言うことができます。

とはいえ、これだけの説明では、なぜ多くのメーカーがＡｎｄｒｏｉｄを採用したのかがわかりません。スマホＯＳにはＷｉｎｄｏｗｓ Ｐｈｏｎｅも、ブラックベリー（35ページ）もあるのだから、選択肢はたくさんあったのです。にもかかわらず、日本のメーカーはほとんどがＡｎｄｒｏｉｄを採用しました。なぜでしょうか。

答えは簡単。Ａｎｄｒｏｉｄがタダだったからです。たとえばＳＯＮＹ製のスマホを使っている人はたくさんいるでしょうが、彼らがどれだけスマホを使っても、ＳＯＮＹはＡｎｄｒｏｉｄ開発元のグーグルに対して、支払いの義務を負いません。どんなに生産しても同じです。Ａｎｄｒｏｉｄにお金はいっさいかかりません。

その上、Ａｎｄｒｏｉｄはもうひとつ、重要な特徴があります。ソースコード（いわば設計図）が公開されており、誰でも入手可能なことです。設計図が公開されているわけですから、知識さえあれば誰でも改変できます。それも、グーグルにことわりなく行うことができます。

日本のメーカーにはガラケーで培ったノウハウの蓄積があります。スマホをリリースするにしても、その蓄積を生かして販売したいと考えるのは当然でしょう。たとえば、ガラケーで発達した防塵・防水機能を備えたスマホを作ることも可能なのです。Ａｎｄｒｏｉｄは改変自由ですから、これも可能でした。ｉＯＳでは決して許されないことです。

●「オープンソース」のＡｎｄｒｏｉｄ

ソースコード（設計図）を公開し、タダで流通させる。こうした考え方を、「オープンソース」と呼びます。

Ａｎｄｒｏｉｄはもともとグーグルが開発したものではなく、小さなベンチャー企業が開発したものですが、このオープンソースという仕組みが存在しなければ、生まれ得なかったでしょう。

Ａｎｄｒｏｉｄは、Ｌｉｎｕｘという、フィンランドの若者ライナスくん（今ではライナスくんも相当なオッサンですが、Ｌｉｎｕｘが初めて公開されたときは若者でした）が開発したＯＳをベースに作られました。

ライナスくんはＬｉｎｕｘ生みの親ですが、それを自分のものだとは主張しませんでした。Ｌｉｎｕｘは、自分だけの力で生まれたのではない。世界中のコンピュータ・マニアの知識があって成立したものであると主張しました。以来、Ｌｉｎｕｘはソースコードをつけて、無料で流通することになったのです。インターネットにはわれわれの目にふれる以外にも、多くのマシンが必要ですが、それらの多くはＬｉｎｕｘやそれに類するＯＳで動いていると言われています。オープンソースなら、お金を払う必要がないというのがもっとも大きな理由でしょう。

Ｌｉｎｕｘをベースにしたからこそ、Ａｎｄｒｏｉｄは誕生し得ました。Ａｎｄｒｏｉｄもオープンソースですから、タダで、改変自由な形で配布されています。前項でも述べたように、日本のメーカーがスマホのOSとして次々とAndroidを採用したもっとも大きな理由は、無料で改変自由だったからです。

また今後、発展途上国を中心に安価なスマートフォンやタブレットが製作されるとの予測が立てられていますが、OSはAndroidが採用されると思われます。お金がかからないということには、そんなメリットがあります。

●グーグルはどうやって収益を得る?

現在、Androidはグーグルがアップデートしています。当初は買収によって入手したものですが、それからずいぶん経ちました。Androidは、以前は想像することさえ困難だった機能を多数盛り込んでいます。また、Androidは単にスマホOSで終わるものではなく、グーグル・グラス(メガネ)やグーグル・コンタクトレンズのOSとしても開発されています。

ここで疑問がわかないでしょうか。グーグルは、いったいどうやって儲けているんだろう?

アップルはiOSを売っています。iOSを手に入れるためには、iPhoneやiPadなど、アップルの商品を買わなければなりません。要するに、iPhoneや

iＰａｄは、ＯＳ代を上乗せして販売されているのです。

しかし、Ａｎｄｒｏｉｄはオープンソース、要するにタダです。いくら数が増えようとも、グーグルは儲かりません。

ＯＳとは、ソフトウェア開発技術の粋と呼ばれるものです。とにかく開発費用がかかるものであると言っていいでしょう。さらに、グーグルはＡｎｄｒｏｉｄを買収、つまり買っています。お金を支出しているわけで、採算をとらなくてはなりません。そんなものをタダで配るなんて。なんて太っ腹なんだろう！

そこに、グーグルという企業の特殊性があります。グーグルはＡｎｄｒｏｉｄの開発は行っていますが、家電メーカーではありません。むしろ、民放のテレビ局のような存在です。

●グーグルは小さな儲けをたくさん集めることで成り立っている

多くの人は「グーグル」と聞くと、真っ先に「検索」を思い浮かべるはずです。グーグルの検索エンジンを利用したことがない人は少ないでしょう。「俺はグーグルは使わない、検索はヤフーって決めてるんだ」という人も、ヤフー・ジャパンはグーグルの検索エンジンを利用していますから、間接的にグーグルを使っていることになります（アメリカのヤフーは別）。

順位	検索エンジン	シェア
1	Google	90.24%
2	Yahoo!	3.56%
3	Bing (Microsoft)	3.04%
4	Baidu	0.91%
5	Ask Jeeves	0.48%
—	その他	1.78%

(小数点以下の値を四捨五入しているため、合計は100.01%)

表　検索エンジンのシェア

StatCounterに掲載される2015年5月のデータをもとに作成(http://gs.statcounter.com/#all-search_engine-ww-monthly-201505-201505-bar)

表は検索エンジンのシェアを示したものですが、検索というジャンルにおいて、グーグルは圧倒的だと言えるでしょう。ほとんど独占と言っていいシェアを誇っています。グーグルの収益の大きな部分を占めるのが、この検索エンジンです。

たとえば、グーグル・アドワーズというサービスは、検索する単語によって表示される広告が変化し、「本当に欲しい人に広告を届けるサービス」として一般化しました。

テレビCMの例を考えてみましょう。男性視聴者に向かって、女性化粧品の宣伝をしても、あまり意味はありません。女性化粧品の宣伝は女性に向けてする方がいいに決まっています。でも、見る人を選ぶことはできません。それがテレビCMの限界です。

グーグル・アドワーズはそこが違っています。

化粧品の名前を検索したなら、その人は間違いなくその化粧品に興味があります。興味がある人だけに宣伝できるのです。男性に対して女性化粧品の宣伝をするようなムダがなくなります。

もうひとつ、グーグルの広告が広告業界にもたらした大きな変革があります。広告主が自由に関連する単語を設定できるのです。つまり、「○○市　クリーニング」で検索されたときだけ、自分の店の広告が表示される、というような設定ができます。料金も決して高額ではありません。

グーグルの元ＣＥＯ、エリック・シュミット氏は次のような意味のことを繰り返し語っています。

「膨大な数の、とても小さいマーケットが急成長している。われわれはそうした市場をターゲットにしている」

「われわれが用意するのは、スモールビジネスと個人がカネを稼ぐためのインフラだ」

世界企業グーグルは、小さな儲けをたくさん集めることで成り立っているのです。

●「タダ」の理由

なぜＡｎｄｒｏｉｄはタダなのか。カンのいい人なら気づいたことでしょう。

彼らの収入は主に、検索ページへの広告掲載（アドワーズ）によってもたらされています。アドワーズはグーグルを世界のトップ企業のひとつに成長させましたが、これ以上の利潤を求めるためには、どうしたらいいでしょうか？

検索する人を増やせばいいのです。それは必ず、グーグルの収益につながります。

彼らがＡｎｄｒｏｉｄをタダで提供するのは、「検索する人」を増やしたいからだと言うことができます。また、グーグル・マップやグーグル・アースなど、グーグルのサービスは、それ単体では利益を生み出さないものも多くなっていますが、これらが無料で提供される理由も同様です。

たとえばグーグル・アースに広告は表示されませんし、衛星写真を見ても、グーグルの直接の利潤につながるわけではありません。グーグルにとってみれば、運営費用がかさむばかりです。

それでもいい――それがグーグルの考え方です。彼らが望んでいるのは、インターネットの利用者が増加することです。それまでインターネットを見たこともない田舎のおじいちゃん、おばあちゃんが、グーグル・アースやＹｏｕＴｕｂｅの映像を見るために、インターネットに接続する。そんな人がひとりでも増えれば、彼らの主な収入源である検索連動型広告の活性化につながります。

図12　グーグルの「会社情報」のページに掲載されている企業理念

事実、Ａｎｄｒｏｉｄがグーグルにもたらす利益は莫大なものだと言われています。デスクトップＰＣはモニタの前に人が座っていなければ扱えませんが、スマートフォンやタブレットなどのモバイル機器は、持ち歩くものです。待ち合わせの時間や通勤時間など、ふつうに生活していれば、誰だって「空白の時間」は生まれるでしょう。その時間を使って検索してもらえれば、何千何万の検索のうち、少なくとも何パーセントかはアドワーズを利用してくれる！

これは、グーグルの企業理念にも合致することでした。

「Ｇｏｏｇｌｅの使命は、世界中の情報を整理し、世界中の人々がアクセスできて使えるようにすることです。」（図12）

企業理念はときとして、耳なじみのいい言葉を掲げる空疎なものになりがちです。実際にそういうつもりで理念を掲げている企業も少なくないでしょう。タテマエとホンネがわかれているわけですが、この理念はグーグルのホンネをそのまま表現したものだ、と言うことができます。インターネットを便利な場所にして、多くの人にアクセスしてもらうこと。それがグーグルの利益になるのです。

●グーグルがSNSを立ち上げた理由

こうした「グーグルの方法」が、必ずしもうまくいかない事態が立ち上がりました。もっとも大きかったのは、フェイスブックの隆盛だと言われています。

「すべての情報を検索できるようにする」のがグーグルの考えですが、フェイスブックは（ユーザが許可しないかぎり）グーグルの検索に入りません。

外部から見ることができない閉じた空間だからこそ、フェイスブックは1章で述べた「アラブの春」の要因のひとつになったのですが、グーグルにとってはたまったものではありません。自分が構築した広い広い国土の中に、自分の意のままにならない別の国ができたようなものです。しかも、フェイスブックはグーグルとまったく同じビジネス――広告事業によって主たる収入を得ています。自分が構築した国土の中に、別の国を作り、まったく同じビジネスをやってお金を儲けている！　「目の上のたんこぶ」と認識してもおかしくないでし

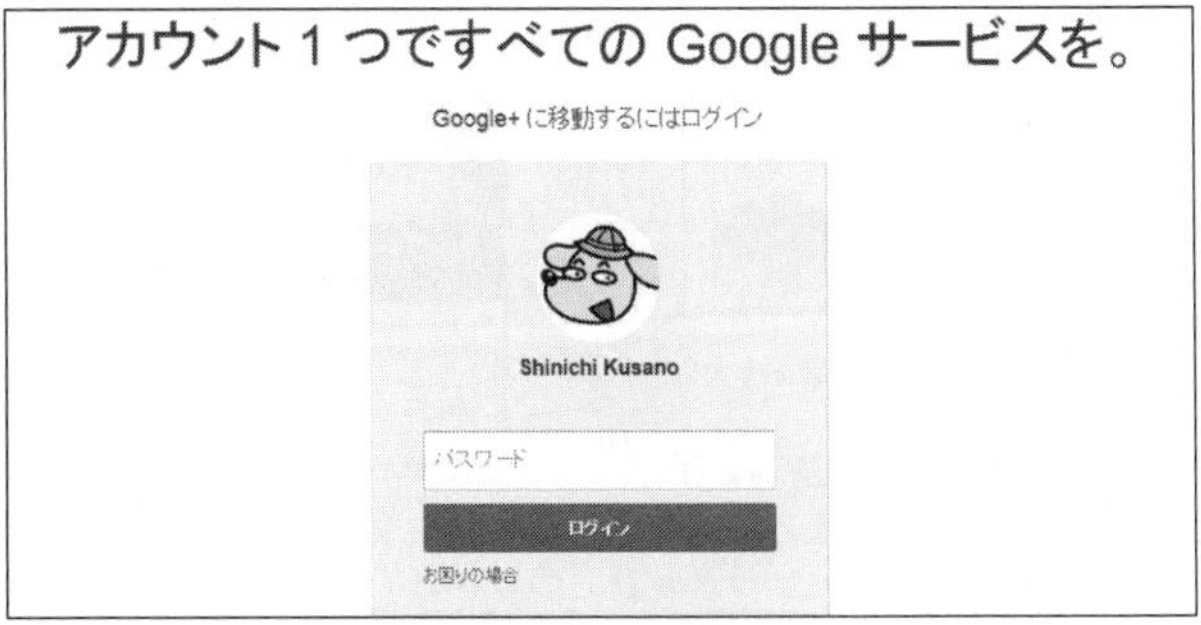

図13　グーグル・プラスのログイン画面
「アカウント1つですべてのGoogleサービスを。」と表示されている。ログインすると、GメールやYouTubeなどのサービスでも同じアカウントで利用できることになる。

よう。

「これからのインターネットはソーシャルだ」

そう言われていたこともあり、グーグルはフェイスブックと同じ実名制のSNS、「グーグル・プラス」を立ち上げました。

勝算は低くないと言われていました。グーグルには世界でもっとも利用されているメールアカウント、gmail.comがあり、さらに動画共有サイトYouTubeがあります。いずれを使用するためにも、グーグル・プラスに参加しなくてはなりません（図13）。日本ではAKB48など、スターによるアカウント作成も大きなニュースとなっています。

しかし、2014年にグーグルはグーグル・プラスの規約を改定し、それまでの実名制（フェイスブックと同じ）から匿名制へと移行せざるを得

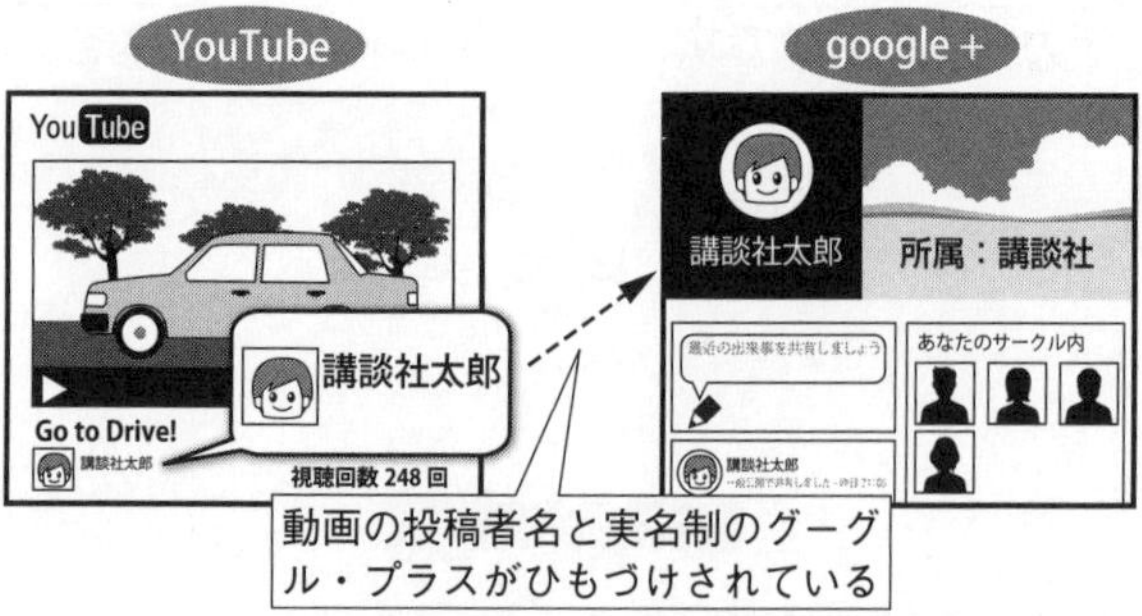

図14　YouTubeが実名制のグーグル・プラスにひもづくと困る
YouTubeに投稿した動画が、実名制のグーグル・プラスにひもづいていると、動画から投稿者の本名や所属、交友関係までわかってしまう。

ませんでした。主としてYouTubeユーザの意向を受け入れたものと言われています。

YouTubeには、さまざまな動画が投稿されています。中には、投稿者が身元を明かさずに発表したいと思うものもあるでしょう。そうしたユーザにとって、グーグル・プラスのアカウントが実名制では困ります。

投稿した動画がSNS（グーグル・プラス）にひもづいていれば、「この動画を投稿したのはオレだ」と名乗るばかりでなく、本名や所属、交友関係まですべて見せることになるからです（図14）。もちろん設定によってそれらの情報を外部にもらさない方法はありますが、グーグルは見ることができます。

YouTubeを利用するにあたり、それは望ましくない。そんなユーザからの訴えもあり、グーグル・プラスは実名制を廃さざるを得ませんでした。

実名制をやめてしまえば、それはフェイスブックとはまったく異なるものです。自前のフェイスブックを作る、というグーグルの目算は、崩れ去ったと見るべきでしょう。

グーグル・プラスがフェイスブックほど大きな規模を持っていれば、さきのＹｏｕＴｕｂｅユーザの要望など、つっぱねることができたかもしれません。しかし残念ながら、後発のグーグル・プラスにその力はなかった。ワガママなユーザの要望を、呑まざるを得なかったのです。

ＧメールとＹｏｕＴｕｂｅを持つグーグルですら、うまくいかない――新しいＳＮＳを普及させるのはとても難しいのです。

●「ウェブの死」とグーグルの新しい事業

「アプリ」はリンクという仕組みを持たないことが多く、情報のほとんどがアプリだけで完結します。リンクで構成されたウェブの検索ページにも表示されません。「情報のタコ壺化」と揶揄されていますが、アプリの利用が一般化すればするほど、検索ページに人が訪れなくなるのです。これは、検索によって利益を得てきたグーグルにとっては死活問題です。

たぶん、こうした状況が関係しているのでしょう。２０１５年になって、グーグルは

ＭＶＮＯ（Mobile Virtual Network Operator／仮想移動体通信事業者）事業に乗り出すことを発表しました。ＭＶＮＯとは、日本ではドコモ、ａｕ、ソフトバンクなど、通信インフラを持っている企業から回線網を借り受け、サービスを提供する形式のことです。早い話が、グーグルは「回線事業者になる」と宣言したと理解していいと思います。

グーグルがどんな回線事業者になるのか、まだ明らかになっていません。まずは米国でサービスを展開し、日本での開始はしばらく先になると思われます。

とはいえ、もしかすると近い将来、私たちが利用している回線は、大きく様変わりしているかもしれません。

3-6 スマホだからこそウィルス対策を

２０１７年にはガラケーはすべて「ガラホ」に変わり、すべての携帯電話がスマートフォンになると言われています。１億総インターネット接続時代がやってくるわけです。

スマートフォンとＳＮＳを「第五の権力」と語ったグーグル元ＣＥＯシュミット氏の言葉を出すまでもなく、私たちは政府を転覆させるほどに強い力をポケットに入れて持ち歩くようになりました。民衆がこのような力を持ったのは、歴史上初めてのことです。

それは、ハードウェアの進展（スマートフォンの一般化）とソフトウェアの進展（SNSに代表される「民衆がつながるためのツール」の一般化）など、テクノロジーの進展によって導き出されました。本章では、主にハードウェアの進展に着目して論を進めてきました。

いじめの温床になっている（2‐3節、2‐4節）など、「よくない面」も指摘されていますが、筆者は基本的に、この変化は素晴らしいことなのではないかと思っています。もっとも、どう見積もっても悪い点がひとつ。3‐3節でも簡単にふれましたが、コンピュータ・ウィルスなど、悪質なソフトウェアの脅威に、国民全員がさらされる時代がやってきたということです。以前なら無関係だった人も、スマートフォン（ガラホ含む）を持っている以上、無縁ではいられません。なぜそんなことになったのか。ウィルスとは何かを考えつつ、そこを中心に語っていきましょう。

●コンピュータ・ウィルスとは何か

かつて、コンピュータ・ウィルスは、パソコンだけにとって脅威とされていました。現代の家電はコンピュータ制御されるのが普通ですから、電子レンジにだって、洗濯機にだってコンピュータは入っています。でも、こうした製品は、基本的にウィルスの心配をしなくてもよかったのです。

3－3節で述べたとおり、家電製品には多く「組み込み型」と呼ばれるOSが搭載されています。組み込み型OSは、ユーザが自由に扱うことができず、その機能は壊れるときまで増えもしなければ減りもしないのが特徴でした。組み込み型に近いOSが搭載され、誤解を恐れずに言えばパソコンよりも洗濯機に近いのが、ガラケーの特徴です。

組み込み型OSを搭載しているマシンは、基本的にウィルスなど悪いプログラムが入ることを考える必要はありません。

コンピュータ・ウィルス（およびそれを含む悪質なソフトウェア）とは、ひとことで言えばプログラムです。プログラムとは命令のこと。たとえば、パソコンであれば、アイコンをダブルクリックすればエクセルなどのファイルを開くことができます。スマホやタブレットであれば、アイコンをタップすることでアプリを開くことができます。これらはふたつとも命令（プログラム）です。ダブルクリックした、ないしはタップしたというのは、ユーザがコンピュータに対して「開け！」と命令を与えたことを意味します。

ウィルスも同じようにプログラム、すなわち命令です。不幸なことに、コンピュータにはユーザがアイコンをタップすることで与える命令「アプリを開け！」と、ウィルスが与える命令「システムをめちゃくちゃにしろ！」を聞き分けることができません。命令されたら言うことを聞く（実行する）のみです。「いいプログラム」とか「悪いプログラム」と断じているのはそれを扱う人間で、コンピュータにはそんな区別は存在しません。「組み込み型OS」を搭載しているコンピュータがウィルスを気にしないでいいのは、機能を追加することができないからです。言葉を換えれば、「システムをめちゃくちゃにしろ!」というあらたな命令を受け入れることができません。受け入れられる命令があらかじめ決まっているのが、「組み込み型OS」の大きな特徴です。

パソコンはそうではありません。ユーザの好みに応じて、機能を追加したり削除したりすることができます。少し前なら、そんな機械はパソコンだけであり、ウィルスが与える命令「システムをめちゃくちゃにしろ!」に怯えなくてはならないのはパソコンだけでした。現在はそうではありません。スマートフォンやタブレットをはじめ、ユーザの好みに応じて扱える機械は枚挙にいとまがないほどに増加しています。こういう機械は、すべてウィルスの脅威にさらされることになります。

●ボットウィルスへの感染

コンピュータ・ウィルスやマルウェアの被害は広範にわたります。システムをめちゃくちゃにされたり、盗聴されて行動がすべて筒抜けになってしまったり、クレジットカード情報をはじめとして、個人情報を盗まれたり。ただし、ここで述べるのは、そのうちのひとつだけ。「ボットウィルス」と呼ばれるものだけです。「ボット」とはロボットの意。攻撃者の命令一下、ロボットのように言うことを聞くからこう呼ばれています。

どうしてボットウィルスだけを述べるのか。むろん紙数が限られているからだという理由もあるのですが（ウィルスについて詳細に述べるには本一冊ぐらいの分量はどうしても必要です）、そればかりではありません。もっともありふれているから感染する危険が高く、しかも、これに感染したところで当人は被害を受けない（よって気づかない）ことがとても多いからです。しかし、引き起こす被害は甚大で、よくニュースなどで「○○のサイトが攻撃された」と報道されますが、要因はほとんどボットウィルスです。

ボットウィルスの作りは単純ですから、あまり複雑なことはできません。攻撃者から命令があると、決められた場所にデータパケットを送信する。それだけです。わかりやすく言えば、意味のないメールみたいなものを決められた場所に送信するのです。

それがどうして問題になるのか。ボットウィルスに感染していて、攻撃者の言うことを聞くのは、あなたのマシンだけではないからです。何百何千のマシンが、ひとつの場所にいっせいにデータを送信します。送信されたデータが小さなものであっても、チリも積もれば、のたとえのとおり、たくさん集まれば脅威になります。たくさんのデータをさばききれなくなり、いわゆる「サーバ・ダウン」の状態になってしまうのです。これを、「ＤＤｏＳ

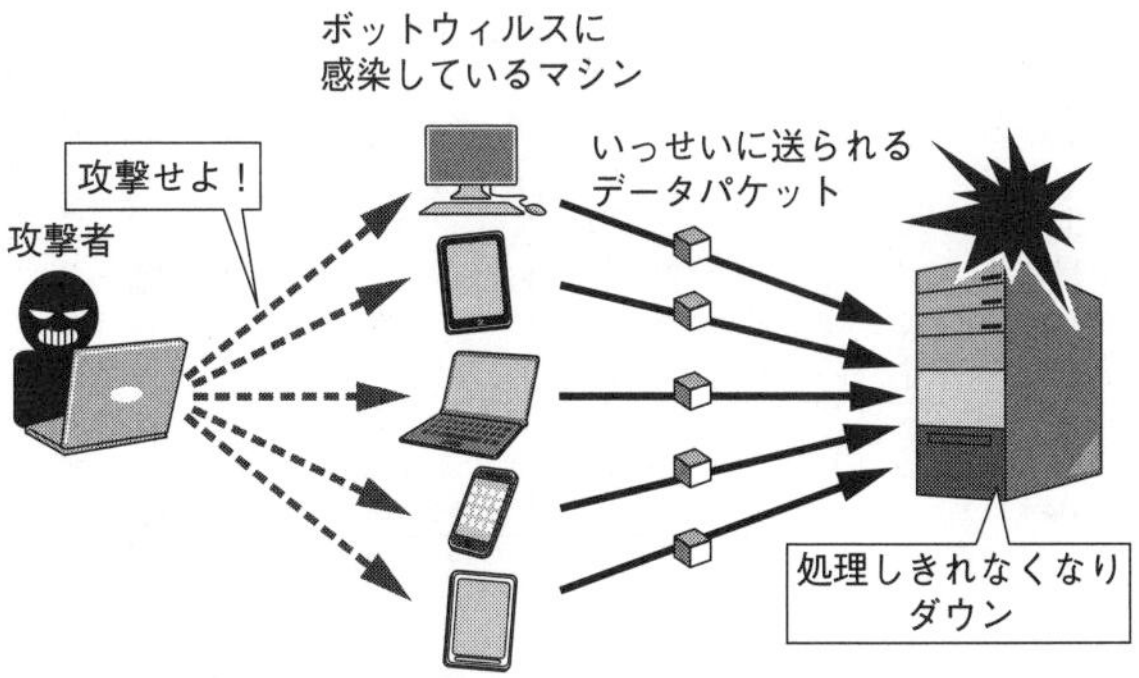

図15　DDoS攻撃の仕組み
攻撃者の命令一下、機器がまるでロボットのように通信を開始する。

（Distributed Denial of Service）攻撃」と呼んでいます（図15）。

●スマホになって喜ぶ攻撃者

よく、ニュースなどで「○○のサイトが攻撃された」というときの攻撃とはたいがいＤＤｏＳ攻撃であり、ボットウィルスに感染したマシンがいっせいにデータパケットを送信することで起こっています。防ぐことは、基本的にはできません。

たとえば、経済産業省のサイトでは、各種のデータを見ることができますが、これはページのデータを格納した経産省のマシンがあるからです。これをダウンさせれば、経産省はサービスを続けることができなくなります。もっとも単純な「攻撃」は、これを狙って行われます。

防ぐことができないのなら、逃げればいいじゃないか。誰もがそう考えます。ボットウィルスは送信先が決まっているのですから、移動すれば防ぐことができます。ただし、移動先を狙われたら同じことです。サービスを提供している以上、場所は必ず明かされています。サイトから情報を得るためのアクセスも、サーバ・ダウンを狙った攻撃のためのアクセスも同じアクセスです。選別することはできません。

すなわち、悪事の被害にあうのではなく、悪事の片棒をかつぐことになる。それがボットウィルスです。わかりやすく言うと、この「攻撃」の一部に、あなたのマシンが加わっている可能性もあります。

国民のほとんどがスマートフォンを持っている状態は、ボットウィルスを扱う者にとっては好都合です。

パソコンであれば、必ず電源オフの時間があります。いかにウィルスといえども、電源オフのマシンを操ることはできません。したがって、被害も限られていたのです。

しかし、スマートフォンとは携帯電話で、24時間電源を入れっぱなしで使うものです。24時間電源オンの状態が、ボットウィルスを扱う者にとってどんなにありがたいことかわかりますね。時間のことは考えなくていいし、電源オフのマシンに命令するなどのムダをしないで済むのです。

現在では、ウィルスの制作者と攻撃者は別であることが多くなっていると言います。ボットウィルスに感染したマシンは、何百、何千の単位でまとめられ、ブラックマーケットで取り引きされているそうです。

攻撃されればニュースになりますが、ボットウィルスの使い道は攻撃ばかりではありません。「おまえの会社のサイトをダウンさせるぞ。防ぎたければ1億円払え」というように、脅迫にも使えるのです。これはニュースにはなりませんから、私たちの知らないところで脅迫されている企業や官公庁がある、と考えていいと思います。

●感染していることに気づけない

もうひとつ、ボットウィルスを扱う者が好都合な点は、「感染していることに気づく人が少ない」という点です。

たとえば、クレジットカードを使われていたら、たいがいの人は気づくでしょう。被害を受ければ、たいがいの人は気づくのです。ところが、ボットウィルスに感染したところで、当人に対する被害はほとんどありません。

さらに、ボットウィルスが送信するデータは決して多くないので、気づかないことがとても多いのです。

パソコンやスマートフォン、タブレットなどを使っていると、ときどき「アップデート」が実行されます。アップデートでやりとりするデータの量は多いため、場合によっては動作が遅くなるなどの影響を受けることがあります。そのときユーザは、「ああ、アップデートをしているんだな」と気づきます。

ボットウィルスが送信するのは、これよりずっと微量であることが多くなっています。したがって、動作が遅くなるなどのサインが出ることが少なく、感染を知ることができないのです。

●アンチウィルス・アプリの役割

「俺はアンチウィルス・アプリを入れているから大丈夫だよ」と語る人もいるでしょう。あなたのスマートフォンが日本の会社が作ったものなら、買ったときから入っていることも多いと思います。

もし万が一、アンチウィルス・アプリやそれに類するものがひとつも入っていないなら、今すぐ入れてください。「べつにデータがなくなったり、流出したりしても困らないからいいや」などとは決して思わぬように。セキュリティの甘いマシンは狙われやすく、自分に直接の被害はなくても、犯罪の片棒をかつぐようなことになりかねません。前項で述べたボットウィルスは、まさに「犯罪の片棒をかつがせる」ウィルスです。

もし、アンチウィルス・アプリがふたつ以上入っているなら、どちらかの使用をやめることをオススメします。

アンチウィルス・アプリのさかんな宣伝攻勢に影響され、とにかく守らなきゃ安心できないといくつもアプリを入れている方を時折見かけますが、これは逆効果です。鎧と兜で武装した上にさらに鎧兜をまとうようなもので、安全性は増すかもしれませんが、動けなくなります。それぞれの能力がぶつかりあって、マトモに扱えなくなってしまうのです。

では、アンチウィルス・アプリが入っていれば安全なのか。そうではないところに、この問題の難しさがあります。

●まったくの新種はとらえられない

アンチウィルス・アプリがウィルスなどの感染を検出するために、もっとも一般的に用いられる方法が「パターンマッチング」です。

ウィルスなど悪いソフトウェアを構成するコード（命令文）や特徴などを「定義ファイル」と呼ばれるひとつのファイルにまとめておき、このファイルに適合するプログラムやデータを検出する。これがパターンマッチングです。イメージとしては、悪いやつの特徴が記されたリストを持った警官を関所に立たせておいて、あやしいやつがいたらしょっぴいて調べる、みたいな感じでしょうか。当然のことリスト（定義ファイル）はひんぱんに更新され、あらたな脅威に備えられるようになっています。

この方法はもっとも検出量が多く、大昔から利用されています。ただし、ここにはとても大きな弱点があるのです。

やるのはコンピュータですから、リストに記された悪いやつは必ず関所で捕らえてくれます。逃がすことはまずありません。その点は心配ないのですが、困るのは悪いやつがリストに載っていない場合です。その際は、どんなに悪いやつであっても関所を素通りさせてしまいます。

2012年に大きな話題となった「パソコン遠隔操作事件」では、多くの無実の人が逮捕されました。警察の逮捕理由は「おまえのパソコンが悪さをしている」だったのですが、ほとんどの人がウィルス（「トロイの木馬」）によって遠隔操作され、身に覚えのない理由で逮捕されたのです。警察の捜査能力の低さも大いに問題とされました。

罪を着せられた被害者たちはみなパソコン・ユーザでしたが、パソコンには、アンチウィルス・アプリがインストールされていました。人並みにセキュリティには気をつかっていたのに、罪を着せられてしまったのです。要するに、アンチウィルス・アプリが役に立たなかったわけですが、なぜ役に立たなかったかと言えば、犯罪に使用されたウィルスのパターンが、定義ファイルになかったからです。まったくの新種でした。新種の脅威には対応できない。定義ファイルにないウィルスには対応できない。それがパターンマッチングの特徴です。

●機密はネット接続していない

「じゃあ、何をやってもダメだってことか！」

あなたはそう言うでしょう。少なくとも今は「そのとおりです」と答えるしかありません。コンピュータが「ユーザが与えたいい命令」と「ウィルスが与えた悪い命令」を選別できればいいのですが、現在の技術ではそれは難しくなっています。

したがって、ウィルス被害を完璧に封じるには「使わないこと」しかありません。携帯電話は持たず、パソコンはインターネットに接続せず、メールはもちろんＬＩＮＥも利用しない。コミユニケーションは有線電話のみ。そのうえ従来どおり紙と鉛筆を使って仕事をすれば、ウィルス被害にあうことはありません。

残念ながら見たことはありませんが、国家機密に属する情報を保管しているコンピュータは、スタンドアロン（インターネットに接続しない状態）で使用されているそうです。正しいと思います。逆に言うと、「インターネットにつながった状態」では機密は保管できない、ということです。

4章

SNSがもたらすもの

4-1 ソーシャルメディアの普及による影響

SNSは普及し、その結果、多くの分野でさまざまな影響が出ています。本章では、そうした影響のいくつかを紹介しながら、SNSがもたらすものについてお話ししていきます。

●ソーシャルメディアが与えた影響

ある映画監督が、次のような発言をしていました。

「現代は誰もが動画を撮影できるツールを持ち歩いていて、日常のふとした光景も映像にすることができる。さらに、撮影した動画は即座に公開することができる。そういう状況では、撮影方法はもちろん、その成果のひとつである映画も、変わらざるを得ない」

変わるものはもちろん映画だけではありません。あらゆるものが同じ変化を経ていると言えるでしょう。

変わったもののひとつに、芸能人のプロモーション活動があります。TVタレントやアイドルは、ブログやSNSなどのソーシャルメディアを通じて自ら発信することが多くなりました。ことに、デビュー前のタレントやアイドルには、事務所などのバックアップがじゅうぶんでないことが多いですから、プロモーションは自らの手で行います。タレント業は事務所に所属することから始まり、事務所が売り込んでいた時代とは、大きな違いです。

彼らは、ブログに携帯電話などで撮影した自分の写真（自撮り写真）を公開します。YouTubeやニコニコ動画などの動画共有サイトに動画を配信することもあります。Ustreamなどで動画のリアルタイム配信／中継を行うこともあるでしょう。これらはたいがい、ツイッターやフェイスブックに告知され、多くのファンにアクセスしてもらいます。これらの活動がうまくいけば、事務所に所属しなくとも有名になることができます。

流行も、時間をかけずに生まれます。たとえば、お笑い芸人が何か面白いことを言って、それがものすごく流行ったとします。かつては、そうした言動が流行るにはある程度時間がかかりました。現在はYouTubeなどの動画共有サイトに取り上げられ、それが何度も再生されればすぐに流行ります。むろん、流行を意図して（流行させようとして）制作した映像もありますが、まったく準備をせず、たまたました演技が有名になることもあります。

後者の場合、流行の発信源である芸人は、何の準備もしていません。いわばハプニングですから、芸として磨かれているはずがないのです。芸人が流行を認識し、それを芸まで高めたときには、もう流行が終わってしまっている可能性さえあります。

ある評論家はこれを「現代は二段階ロケットの時代だ」と語っています。

「最初の流行は、実力でないところからもたらされる。運をつかんだのだから素晴らしいことだが、それで消費されて終わってしまうことも多い。最初のエンジンを切り離した後、飛び続けるための第二のエンジンが必要だ。それこそが真の実力である」

これらは多くソーシャルメディアの隆盛が導き出した変化であり、ここにあげた映画監督、タレント、芸人はそれに対応せざるを得なくなっているということでしょう。

本章の冒頭にあげた映画監督は、テクノロジーの進展による映画の質的変化を述べたあと、次のように語っています。

「絵を描くことは誰でもできる。しかし、誰もがゴッホになれるわけじゃない」

大事なのはツールではありません。たとえば画材は、お金さえ払えば誰もが入手することができました。しかし、ゴッホの絵に比肩する芸術作品の数はかぎられています。

●報道機関は変わっていかざるを得ない

SNSを含めたインターネット・テクノロジーの進展は、看過できない問題を生み出しています。報道機関に見られるのは、その最たるものです。

かつて、電車に乗れば多くの人が新聞や雑誌を見ていました。座席に座ったら、向かいの座席に座った人間が全員同じ少年マンガ誌を読んでいた、という光景もあったと聞きます。

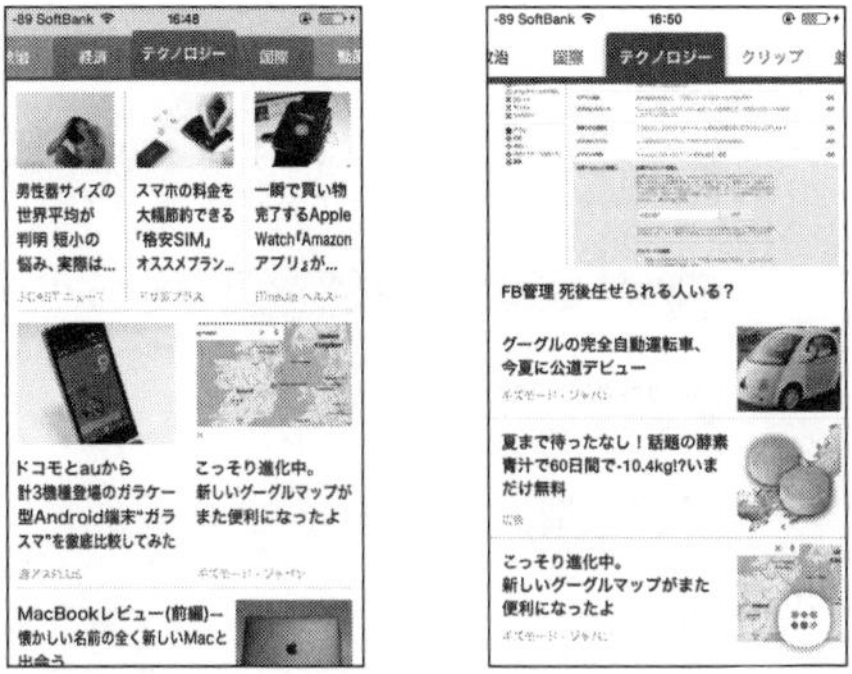

図1　ソーシャルニュース・アプリ
iPhone版のSmartNews（左）とグノシー（右）。ウェブ上にあるニュース記事がジャンル別に表示される

現在、電車内で新聞や雑誌を開いている人は少なくなりました。よく見かけるのは、車内にいる全員がスマートフォンをいじっている光景です。ゲームをしている人もいるでしょうし、SNSやメッセージアプリなどで誰かとコミュニケーションをとっている人も多いでしょう。一方、かつての新聞や雑誌の代わりに、スマホで情報を得ている人も多いはずです。

「ソーシャルニュース・アプリ」（図1）と呼ばれるアプリが人気を集めています。スマホやタブレットにインストールし、ウェブ上のニュースを表示するものですが、すさまじい勢いで利用者が増加しつつあります（次ページの図2）。こうしたアプリ利用者が増えるにつれ、ウェブのニュースは豊かになりました。

このことが、報道に大きな影響を与えていま

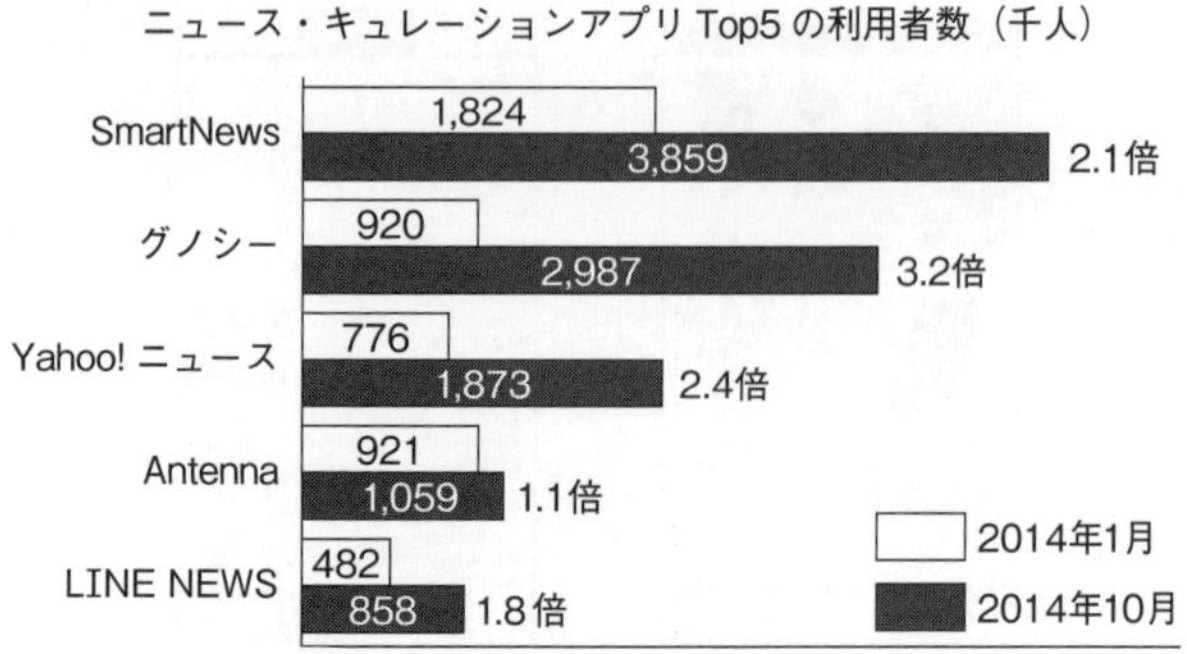

図2　ニュースアプリの利用者数

ニールセン株式会社のウェブページに掲載のグラフをもとに作成（http://www.netratings.co.jp/news_release/2014/11/Newsrelease2014116.html）

す。

アメリカでは着実に変化が訪れています。ネット系企業による老舗新聞社の買収があり、大きな話題になりました。2013年夏、アマゾンのCEOジェフ・ベゾス氏がワシントン・ポストを買収したのです。ワシントン・ポストといえば、映画『大統領の陰謀』にも描かれた、いわばジャーナリズムの総本山です。

ベゾス氏は自分が新聞制作について何も知らないゆえに、ワシントン・ポストの独立を宣言していますが、ネット流通の王者アマゾンとの合体は避けられないとする評論家も少なくありません。ワシントン・ポストも変わっていかざるを得ないでしょう。

さらに、ブログメディアの集合体ハフィントン・ポストが興隆しています（まず朝日新聞と組

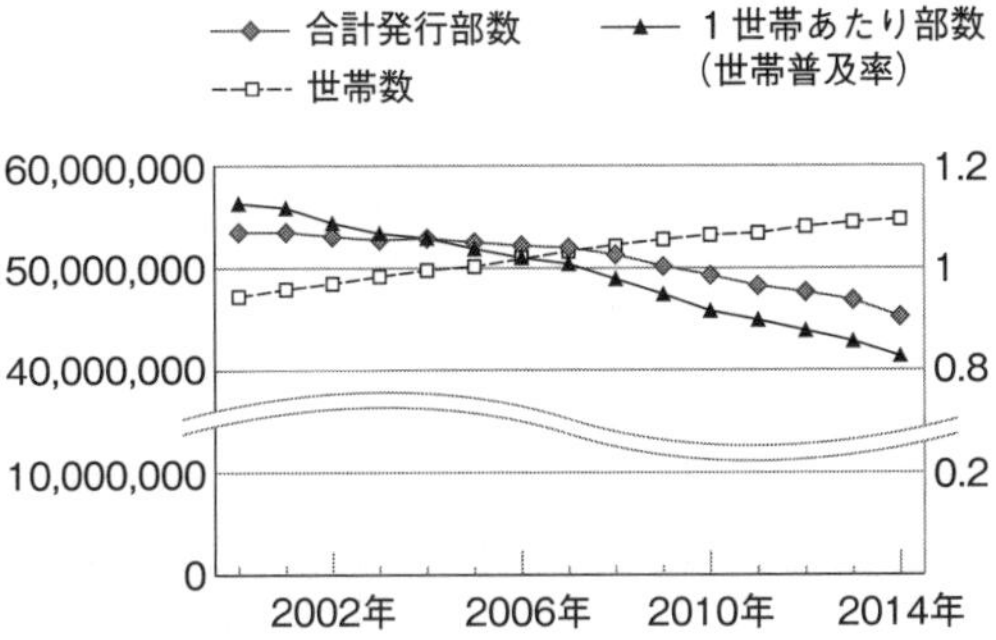

図3　新聞の発行部数と世帯数、世帯普及率の推移
一般社団法人日本新聞協会の「Pressnet」に掲載されているデータをもとに作成（http://www.pressnet.or.jp/data/circulation/circulation01.php）

むことから始めた「ハフィントン・ポスト日本法人」は、本家とは出自が別）。アメリカでは、すでにネット発の新しいメディアが生まれています。

残念なことに、アメリカと同じような動きは、まだ日本では見ることができません。

●報道は必要だが儲からない事業である

新聞は、広告収入、発行部数ともに大きく落としています。図3を見てもわかるように、世帯普及率の減少を食い止めることができないのです。

「以前は新聞を取っていたけど、今はスマホやタブレットで代用ができるから」

そう語る人も多くいます。ニュースは新聞からではなく、スマホやタブレットのアプリなど、インターネットから得るものに変わっているのです。かつて一般的な家庭のイメージだった、「新聞を読みながら朝ご飯を食べる行儀の悪いお父さん」の姿は、なかなか見られないものになっていることがわかります。

ネットメディアの隆盛により、新聞や雑誌などのメディアは「オワコン」（終わったコンテンツ）と呼ばれることも増えました。

収入源が日を追って小さくなっているわけですから、新聞社などの困惑は当然です。「どうしたらいいんだ」と頭を抱える人も多くいると聞きます。

この問題が根深いのは、その代替として登場したメディア（新聞を駆逐しつつあるネットメディア）が、報道という仕事を請け負うのを、決して喜んではいない点です。

本来なら、資本が移動しているわけですから、移動先は喜ばなければおかしいのです。八百屋が一軒しかなかった町に新しい八百屋ができて、お客がみなそちらへ流れたら、新しい八百屋の店主はニンマリ笑う。そういうものです。

ところが、そうはなっていません。お客を奪ったはずのネットメディアが困り顔をしています。

理由はいくつかありますが、いちばん大きいのは「ニュースを報じるには、コストがかかる」という点です。

報道が儲かる事業なら、新興メディアは喜んで受け入れるでしょう。しかし、報道は目下のところ、大きな利潤に結びつくことができていません。

たとえば新聞社は、かつては多くの記者を養い、取材経費を賄えるだけの収入を得ることができました。しかし、前述のニュースアプリやニュースを掲載するサイトの運営側には、それだけの体力がありません。むろん広告収入や販売収入を得られるアプリやサイトは存在するでしょうが、新聞の代用となるまでには至っていません。

報道は儲からない事業なのです。儲からない事業は滅びて当然です。しかし、必要とされ、人気がある。そこに大きな問題があります。

●変わるメディアの役割

ほとんどの人が動画撮影機能つきの携帯電話を持っている時代となり、かつては報道機関だけが担うことができた役割を、一般人が行うケースが増えてきました。

たとえば、交通事故や自然災害が起こった際、以前はそれを報道する能力を持っているのは、テレビ局や新聞社だけでした。事故や災害の発見者は、それを目前にしながら、記者が到着するのを待つ以外に方法がなかったのです。

現在は違います。携帯電話さえあれば、誰でも報道することができるのです。SNSを使えば、撮影した写真や動画を公開することもできますし、レポートを投稿することもできます。事故や災害の規模や被害者の人数も伝えることができるでしょう。

2011年の東日本大震災においては、東北沿岸の深刻な津波被害の映像が繰り返しテレビなどで報じられましたが、その多くは現地の被災者が撮影した動画でした。また、2014年の御嶽山噴火や2015年の桜島噴火においても、報道に使用された写真や映像の多くは登山客や住民など、現地にいた人たちが撮影したものでした。

こうした災害に際して、報道機関の仕事はほとんどありません。少なくとも、いの一番に現地に駆けつける必要はないでしょう。速報性だけを考えるなら、「そこにいた人」より速いことは絶対にあり得ません。むろん、シロウト報道には誤りもありますから、ニュースの裏をとる必要は生じますが、以前よりずっと仕事は減るでしょう。

では、もはや報道機関は不要なのか——といったら、そんなことはありません。報道にはさまざまな種類があり、政治や経済、世界情勢など、シロウトが片手間に論じられない分野のものも多くあります。また、継続的な取材が必要なニュースはたくさんあります。事故や災害も、第一報は現地にいた人の方が速いかもしれませんが、彼らに事故や災害のあとも続報をレポートしてもらうことは期待できません。

報道にはニーズがあり、誰もがニュースを知りたいと願っています。

とはいえ、報道にはコストがかかります。そうである以上、それを捻出する主体がどうしても必要です。

かつてのメディアは、そのためのシステムが確立していました。たとえば新聞なら、豊富な広告収入と大量の発行部数が、丁寧な取材と質のいい記事を保証していました。わかりやすく言えば、新聞社には記者の給料を支払うだけの体力があったのです。

ところが、現在は事情が変わりつつあります。新聞社の収入が減り、丁寧な取材と質のいい記事を制作するためのコストを支えることができなくなりつつあるのです。しかも、ネットメディアの性質上、情報はタダであるという認識が定着してしまいました。SNSなどを利用して情報を拡散しても、人々はお金を払ってくれません（これは4－2節で詳しく述べます）。

誰が「報道」を担うのか。これは、多くの人が頭を抱える重大問題です。

●テレビは生き続ける

こう考える人も多いでしょう。

「旧来のメディアは滅びていく。今後は新興のメディアが担っていく」

この認識はまったく正しいのですが、少なくとも目下のところ、「旧来のメディア」にテレビは含まれていません。アップルやグーグルなどの世界的なＩＴ企業がテレビ事業への参入を明言していますが、それを享受できているのは一部の好事家のみでしょう。彼らがテレビ局のライバルになるには、今しばらく時間がかかりそうです。

データにあるとおり、テレビ局の広告収入は増加しています（図4）。全体の視聴率の低下（図5）や番組あたりのコストダウンが叫ばれて久しいですが、これはＩＴの進展ばかりに要因を求めることはできないでしょう。40パーセント以上の視聴率を叩き出すオバケ番組や、国民的な番組も毎年生まれています。

ニコニコ動画を立ち上げた川上量生《のぶお》氏は、次のように語っています。

「ネットメディアには、テレビの代わりをつとめられるものは存在しない」

むろん、映像メディアにもインターネットの発達によって駆逐されつつある業態は存在します。たとえば、レンタルＤＶＤです。じゅうぶんにテクノロジーが発展すれば、家庭で映画を楽しむために、モノとしてのソフト（ＤＶＤなど）を借りる必要はなくなっていくでしょう。インターネットからダウンロードすれば、返す手間も必要ありません。これはまさに百花繚乱、さまざまなサービスがあります。

しかし、テレビの代わりにはなり得ないし、そのためのメディアも用意されてはいません。

次節では、ネットメディアがどのように収入を得ているか、見ていきましょう。

図4　テレビ局の広告費は増加している

GarbageNEWS.comの記事「20余年間の広告費推移をグラフ化してみる（上）」に掲載された「媒体別広告費」のグラフをもとに、新聞とテレビ、インターネットのデータを抜粋して作成（http://www.garbagenews.net/archives/2031422.html）

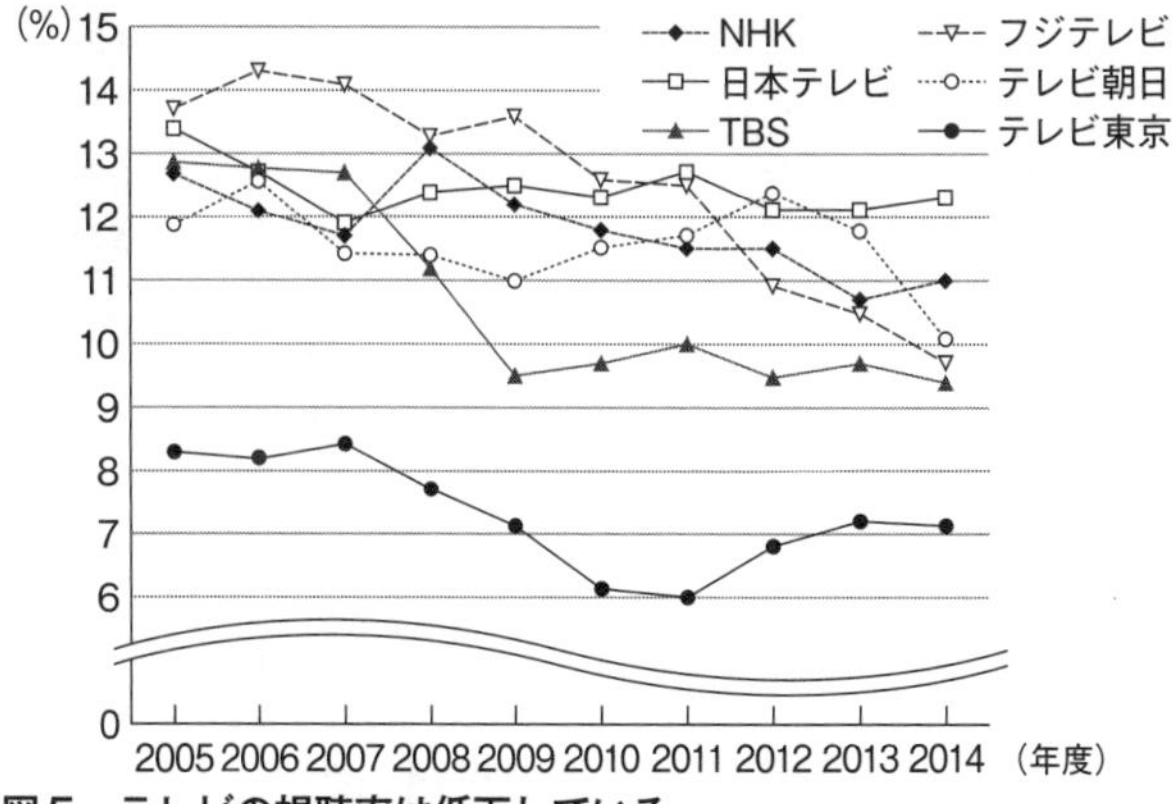

図5　テレビの視聴率は低下している

GarbageNEWS.comの記事「主要テレビ局の複数年に渡る視聴率推移をグラフ化してみる」に掲載された「主要局年度視聴率推移」のグラフをもとに作成（http://www.garbagenews.net/archives/2020115.html）

4-2 インターネットがお金を生み出す仕組み

インターネット上の情報は、多くの場合、閲覧するための費用はかかりません。フェイスブックやツイッター、LINEなどのSNSも、ユーザから利用料をもらうモデルで営まれてはいません。とはいえ、運営には資金がかかるもの。彼らは、どのようにしてお金を生み出しているのでしょうか。SNSにふれる前に、一般的なウェブ記事の考え方を知ることにします。

●インターネットは儲からない

テクノロジーの進展は、誰にとっても速いものでした。世の中がこれほど速く発展するなんて、多くの人が予想していなかったのです。

エコノミストの多くは、インターネットは失敗だったと考えています。なぜなら、そこに収入を得る手段を作ることができないまま普及してしまったからです。

インターネットの特徴として、「発信者負担」をあげることができます。ウェブページやブログの運営、アマゾンや楽天などへの商品批評、クックパッドなどに寄せられるレシピ、さらにはフェイスブックやツイッター、LINEなどSNSへの書き込みに至るまで、インターネット上の情報はユーザによって、無料で制作されています。多くの人は、そこに安心感さえ感じています。「無料で利用できるなんて！」

しかし、少なくとも「ネット以前」において、こんなことはあり得ませんでした。ウェブページを作るならそのための労働力、サイトに書き込みするならそのための労働力が生じています。人が動いている以上、そこにはコストが生じています。

そのコストは誰が負担しているのか？　新聞や雑誌なら、購読者でした。でも、インターネットは違います。ページを作った人、書き込みを行った人です。すなわち情報の発信者がコストを負担するモデルになっています。インターネットは、学者や研究者が、お互いの論文を引用し合う仕組みを作る中で発達したものです。「発信者負担」となるのは当然のことだったと言えるかもしれません。

中には、ニュース記事を売り物にする新聞社のサイトなど、記事を読む人から購読料を得て、ページを制作するモデルも構築されています。とはいえ、ビジネスとして成功しているとは言えないでしょう。

結局、インターネットが生み出すことができた有効なお金稼ぎの方法は、広告モデルだけでした。

「多くの人が目にするページならば、大きな広告効果を期待することができる！」

エコノミストが批判するのはこの点です。

「インターネットほど巨大な規模を持っているならば、もっとたくさんのお金儲けの方法を生み出すことができたはずだ。広告だけなんて、もったいない！」

●インターネット広告の効果はアクセス数でわかる

広告をビジネスの根幹にすえるのならば、どの程度の広告効果があるのかを広告主に示さなければなりません。テレビ番組でよく視聴率が重視されるのはそのためです。民放のテレビ番組は、スポンサー（広告主）からの宣伝費で作られています。スポンサーにしてみれば、1時間の番組なら1時間すべてを企業や商品の宣伝に使いたいのです。そのためにお金を出しているのですから。

ところが、それでは人に見てもらえません。ドラマやバラエティやニュースといった番組は、人を引き寄せるために制作されています。つまり、広告主にとっては基本的にCMが「主」で、番組はあくまで「従」です。視聴率が重視されるのは、どんなに魅力的なCMを作っても、そのCMを見てもらえなければ意味がないからです。

インターネット広告のメリットは、「何人が広告を見ているか」が即座にわかることです。ウェブページは要するに1個のファイルですから、そのファイルにアクセスがあった回数を調べればわかります。「過去1週間」「1日」「今日の午前」「今、この瞬間」など、時間を区切って調べるのも簡単なことです。テレビの視聴率があくまで「視聴率調査世帯」の人がどれだけ番組を見ているかを表した数字であることを考えると、これは画期的です。広告効果が確実な数字で示されるのですから。

「多くの人の目にふれる広告を打てる」ということは、そのまま「たくさんの広告収入を得ることができる」ことを意味します。テレビ番組の例を考えれば了解できるでしょう。ゴールデンタイムのテレビ番組が豪華なのは、それだけ見ている人が多い（＝視聴率が高い＝広告収入が多い）ためです。深夜番組にチープなものが多くなっているのは、放映時間帯にテレビ番組を眺めている人が少ないために、多くの広告収入を望むことができず、番組制作費を抑えざるを得ないからです。

多くのアクセスがあるサイトは、ゴールデンタイムのテレビ番組と同じように、潤沢な広告収入を得ることができます。

アクセスを多くするために発達した手法が、「釣り」記事です。扇情的で興味をひくような見出しの記事には、多くのアクセスがあります。

「柳の下に女性が立っていた」

「柳の下に女の幽霊が立っていた」

事象としては同じことを扱っていても、どちらがアクセスが多くなるかは瞭然です。しかし、よくよく読んでみると、「幽霊に見えたのは枯れ尾花でした」というオチになっていることもあります。そうなると、記事それ自体の存在意義が疑問にもなってくるでしょう。「枯れ尾花がありました」なんて当然のことは、ふつう記事にはならないからです。

しかし、インターネットの記事にはこういうものが散見されます。タイトルや見出しが扇情的で、人目をひけばアクセスは集まります。記事の内容はどうだっていいという考えです。これは、インターネットの記事の信憑性を、下げることにつながりました。

●アクセス数を稼ぐため、記事をブツ切りにする

とはいえ、われわれだってバカじゃありません、いつまでも枯れ尾花を眺めてはいないのです。幽霊だからじっくり眺めるので、枯れ尾花だとわかった途端にそこを離れるでしょう。「アクセスは大量に集まったが、すぐに帰っている」ということも数値で表せます。

サイト構築者としては、アクセスしてもらうだけでは十分ではありません。そこに長時間とどまっていてもらわなければ、広告効果が上がらないのです。もちろん、それには質の高い記事を提供すればいいだけの話です。枯れ尾花ではない、ホンモノの幽霊を見せればいい

のです。しかし、世の中そういうものばかりではありません。ホンモノの幽霊の記事などは、そうそう作れるものではないですから。

では、どうしたらいいのでしょうか？　インターネットには広告ビジネスしかありませんから、アクセスは稼がなければならない。しかし、アクセスを集めても、すぐに帰られたら困るのです。

サイト構築者が考えた手は単純でした。しかし、効果は絶大だったと言っていいでしょう。枯れ尾花を幽霊に見せたいのなら、最後の最後まで結論づけなければいいのです。ひとつの記事をブツ切りにして、本来なら1ページで収まる記事を5ページに構成する手法はこうして生まれました。結論は5ページめにしか書いていないようにすれば、5つのページにアクセスが集まります。当然のこと結論にたどり着くまでに時間もかかりますし、単純計算で5倍のアクセスを稼ぐことができます。

これらの手法は「釣り」記事として、大いに批判されていますが、アクセス数を稼がねばならないインターネットの構造上、なくすのは困難だと思われます。

●ページランクとSEO

もっとも、前述のような方法をとれるのは比較的新興のサイトです。どんなサイトであれ、アクセス数を気にせずに営まれているところは皆無だと思われますが、中身と異なる扇情的なタイトルをつけたり、短い記事をブツ切りにして数ページに分散したりする手法を、皆がやっているわけではありません。たとえば有名新聞社やＹａｈｏｏ！などのポータルと呼ばれるアクセスの多いサイトは、前述のようなことはあまりしません。たぶん、ウェブサイトにも「品格」というものがあるのでしょう。

これを重要視したのがグーグルです。３‐５節の表（１３８ページ）でも示したとおり、グーグルの検索システムは世界で圧倒的なシェアを誇っています。一方でグーグルは１９９８年に創業されたとても若い企業です。初めから圧倒的なシェアがあったのではありません。種々の検索エンジンが乱立していた時代に、グーグルは使いやすく信頼性の高いシステムを提供しました。多くのユーザが選んだからこそ、グーグルは世界企業となり得たのです。

ユーザがグーグルを選んだ理由のひとつが、ページランクと呼ばれるシステムでした。これは、検索結果をアクセスの多い順に表示するものです。

たとえば「犬」という言葉を検索すれば、犬に関するページがずらりと表示されます。その際、多くの人が検索結果を上から順に見ていくでしょう。３ページめの真ん中あたりに表示される情報を見る人は、当然少なくなります。

インターネットでは、アクセス数がすべてと言っても過言ではありません。だとすれば、できるだけ検索結果の上のほうに表示されたほうが、見てくれる人が増え、アクセス数を増やすことにつながります。これを「SEO（Search Engine Optimization／検索エンジン最適化）」と呼びます。これにはある程度、確立された方法論があります。有料の商用教材がいくつもリリースされていますし、専門学校で講座も行われています。

検索結果の上位に表示されるための方法は、細かいものをあげればキリがありませんが、主として次の3つの方法がとられています。

1　ページ・アクセスをふやす

アクセス数が多いサイトであれば、検索での表示位置も高くなります。

2　たくさんのリンクを得る

1にも関係していますが、そのページへのリンクがたくさんあるということは、多くの人の興味をひいている（役に立っている）ということです。フェイスブックやツイッターなどのSNSでリンクを作る作業は普通に行われていますし、家族や友人・知人に頼んでウェブページやブログからリンクを張ってもらう人も多いようです。

3 プライオリティ（価値）の高いサイトからリンクを得る

Ｙａｈｏｏ！や新聞社のサイトなど、アクセスが多く、多くの人が「信頼できる」と考えているサイトからリンクが張られると、検索での表示位置は高くなります。

サイトにプライオリティをつけ、ここからのリンクは他のリンクとは意味が違うとした点が、ページランクの「ミソ」でした。ここが評価されたために、グーグルの検索システムは大きなシェアを誇るようになります。

●ソーシャルボタンでアクセスを稼ぐ

広告収入を得るためには、アクセスを稼がなければなりません。そのためには検索で高い位置に表示される必要があり、その方法はＳＥＯという形で確立されました。そして、ＳＮＳは手っとり早くリンクを作る方法とされました。

ウェブページの記事の上下に、「ソーシャルボタン（ソーシャルアイコン）」（図6）と呼ばれるものがあるのを見たことはないでしょうか。

ソーシャルボタンは、基本的にはアクセス数を増加させるため、サイトの運営者が設置するものです。現在ではこれがまったくついていないページを探すのが難しいほど普及しています（182ページの表では、主なソーシャルボタンとそれぞれの簡単な特徴を紹介してい

図6　記事に表示されるソーシャルボタンの例
この記事では、4種類のソーシャルボタンが表示されている。

ます）。

ソーシャルボタンによって、ユーザはそのページを共有することができます。「共有」とは他の人に伝えること。SNSなどを利用して、自分が好きになったり興味を持ったりしたページを伝えることです。ソーシャルボタンはそのための仕組みだと言えるでしょう。また、多くの人が複数のデバイスを持っているのが当然である現在では、ソーシャルボタンを使ってPCで保存、あとでスマートフォンで見るというスタイルも一般的になっています。

ものによっては、何人がソーシャルボタンを利用して共有しているのか数字で示されます。その数で記事の人気度を判断することも多くなりました。

ソーシャルボタン		概要
シェア	フェイスブックのシェアボタン	フェイスブックの初期からある機能。ユーザのページ内で、お勧めのサイトを紹介する。自分のニュースフィードにサムネイル画像つきで表示され、紹介コメントをつけることもできる。もっとも伝播力が強いと言っても過言ではないだろう
いいね！	フェイスブックの「いいね！」ボタン	英語では「LIKE!」ボタン。クリックすると自分のページにリンクが表示される。ニュースフィードに表示されることもあるが、必ず表示されるわけではなく、「シェア（Share）」ボタンよりも伝播力に欠ける
ツイート	Tweetボタン	ツイッターに投稿するボタン。記事のタイトルや短縮URLが自動的につくので利便性が高い。共有した人数を表示するものも多い
B! ブックマーク	はてなブックマーク	「ソーシャルブックマーク」と呼ばれるもの。気に入ったページは「ブックマーク」して何度も見るものだが、これを公開したもの。自分の嗜好に合った人を見つければ、労せずして好みの記事が入手できる
Pocket	Pocket	FirefoxやChrome、InternetExplorerなどのブラウザからページを保存することができる。記事を押さえておいてあとでスマートフォンなどで移動中や出先で読む、というユーザが多いため、爆発的に普及した。記事はオフラインでも読むことができる
g+1 チェック	グーグル・プラス mixiチェック	いずれも記事を「共有」してSNSの「友達」に伝えるもの。ミクシィは日本で、グーグル・プラスは世界的に多くのユーザを持っている
LINEで送る	LINEで送るボタン	LINEはSNSとしてよりも、メッセージ・ツール（メールのようなもの）として発達した。現在でもLINEをメールのように利用するユーザは多い。お気に入りの記事を他者に伝えることができる

表　ソーシャルボタンのいろいろ

ウェブページに掲載するソーシャルボタンは、利用者に「共有」をうながし、ページを宣伝してくれることを期待して設置されている。ボタンはここに紹介した以外にもたくさんあるが、利用者が多いサービスでないと、あまり効果は期待できない。

4-3 SNSの情報伝播力をマーケティングに使う

ウェブページに何らかの情報を公開しても、そのことに誰も気がつかなければ意味がありません。そこで、公開した情報を、SNSで告知するということが行われます。しかし、この告知も必ず効果があるわけではありません。公開した情報を多くの人に知ってもらうのは、簡単ではないのです。

●テロ組織が宣伝に利用したツイッター

2014年8月、過激派テロ組織「IS」（以下、本書では「イスラム国」と表記）が日本人を拘束する事件が起こりました。「イスラム国」は、この事件以前からソーシャルメディアを広報に使っていましたが、この日本人拘束も、YouTubeへの動画公開という形で全世界に伝えられました。

このとき、「イスラム国」がツイッターも利用していたことはあまり知られていません。「イスラム国」は動画を公開するだけでなく、それを周知しなければならないことを十分に承知していたのです。もちろん、このニュースはテレビや新聞など多くのメディアで取り上

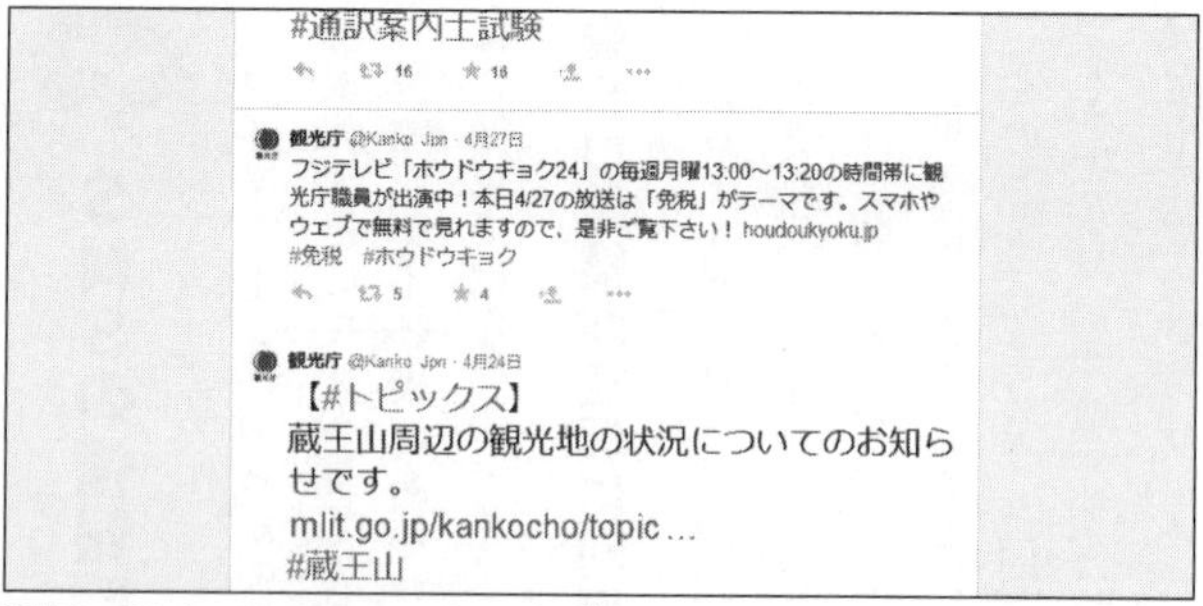

図7　ツイッターのハッシュタグ

内容に関する#記号つきのハッシュタグをつけて投稿すると、投稿を検索しやすくなる。たとえば、放映中のテレビ番組名をハッシュタグで検索し、同じ番組を観ている人たちの投稿を見たり、コメントのやり取りをする、といったことにも使える。

げられ、動画も多くの人の目にふれました。しかし、ただ公開しただけでは、動画の存在は誰にも気づかれずに終わってしまうこともありえます。YouTubeに動画を公開したからといって、見てもらえない可能性があるわけです。

多くの人に動画の存在を知ってもらうため、「イスラム国」はツイッターの「ハッシュタグ」という機能を利用しました。

ツイッターでの発言内に#記号を入れて「#〇〇」と投稿すると、その記号つきの発言が検索画面などで一覧できるようになります。#記号のついた文字列を「ハッシュタグ」と呼びます（図7）。

たとえば、あるイベントの参加者が、感想を「楽しかった！　#〇〇」（〇〇にはそのイベントの名称が入る）などと投稿しておくと、他の人がそのイベントに関する投稿をハッシュタグで検索できます。そうすることで、同じイベントに参加した人たちが、お互いの感想や経験をわけあうことができるのです。

話題となっている出来事や人物についての投稿を一覧したいときなどに、ツイッターのユーザはハッシュタグで検索し、その出来事や人物に関する投稿をながめる、ということをします。多くの人が興味を持つ出来事や人物のハッシュタグのついた投稿は、人の目にふれる可能性が高くなります。

そこで「イスラム国」は、ＹｏｕＴｕｂｅに公開した動画のＵＲＬ（公開場所）を周知するために、ツイッターのハッシュタグ機能を利用したのです。「＃ズワイガニ」「＃大寒」など、人気のある話題を選んで投稿しました。当然のことながら、ズワイガニも大寒も人質事件とは何の関係もありません。それをつければ、ズワイガニや大寒に興味がある人は見てくれる。そのためのハッシュタグだったのです。ほかに、当時亡くなった著名人の名前なども使われました。まず、話題になっているものごとや人物に興味を持つ人たちに見てもらう。そこから広げていく作戦をとっていたのです。

●SNSの情報伝播力で売上アップ！

「何かを知らしめたい」「告知したい」とは多くの人が考えることでしょう。前項で述べた

「イスラム国」の例でもわかるように、SNSは広報にも利用されています。

SNSには、強い伝播力があります。1章で述べた「アラブの春」は、この情報伝播力を政治に利用した例です。これは結果として、政府を転覆させるほど強い力を持つことになりました。

この力を、広報に役立てることができれば。多くの人がそう考えました。SNSの力を利用した宣伝を、「ソーシャル・マーケティング」と呼んでいます。

ソーシャル・マーケティングには大きな利点があります。宣伝費を限りなく安く収めることができるのです。

以前なら、商品宣伝のためには、テレビや新聞、広報誌などを利用するほかありませんでした。これらは基本的に宣伝費なくして動かすことはできません。しかし、SNSなら無料で利用することができます。つまり、うまくやれば広告費を一切かけずに商品宣伝することができるのです！

ツイッターにせよフェイスブックにせよ、それが広まっていく過程では、マーケティング（商品宣伝など）に役立つということが喧伝されました。おそらく大型書店のIT本コーナーに行けば、今でも「SNSをマーケティングに生かすには」というようなタイトルのハウツー本が見つかるはずです。後述の理由からだいぶ減っていますが、こうした書物は現在もリリースされ続けています。

商品宣伝は、人が見てくれるところでやらなければ意味がありません。誰もいないところで自分の美点を大声で叫んだところで誰にも伝わらないのと同様、宣伝するのなら、人のいるところでやらなければ効果はありません。

そのニーズを満たすために、企業や商品のページ（71ページの図15）は生み出されたと言っていいでしょう。SNSの運営者も、企業などが宣伝ページをつくるのを認めることで、ユーザを増やしていくことができます。たとえば、商品のフェイスブック・ページをつくるためには、フェイスブックにアカウントを持たなければなりません。ソーシャル・マーケティングは、そんな幸福なマッチング（宣伝したい人とさせたい人の出会い）によって生まれたと言えるでしょう。

以前は、これが功を奏した事例が数多くありました。

「ツイッターをマーケティングに応用したら売上が3倍になった」

「フェイスブックで宣伝したら2倍のセールスをあげた」

そんな事例がたくさんありましたから、ソーシャル・マーケティングに関する記事はたくさん生まれましたし、書籍も多くリリースされました。セミナーや講座などもあちこちで開催されています。多くは、SNSに登録して、宣伝したい事物に関する記事を投稿する、といった手順を教えるものでした。

●ソーシャル・マーケティングの限界

「ツイッターで宣伝したら売上が3倍になった」と聞けば、誰だって「ウチもツイッターを使おう」と考えるでしょう。売上3倍になった人は（たぶん）ウソを言っているのではありません。ツイッターを使ったら、本当に売上が3倍になった。そのことを正直に話しているのだと思います。

しかし、これは本当に幸福な事例であり、「通常はそうはならない」と認識すべきです。

確かにSNSの情報伝播力は、ときに国家さえ転覆させるほどの力を持つすさまじいものだ、と認識してもいいでしょう。その力を利用すれば、売上3倍と言わず、もっと高めることも可能でしょう。しかしその力は、決してコントロールできるものではありません。

どんなベンチャー企業も、起業してまずすることは、SNSに企業アカウントを作る（企業名で登録する）ことです。ツイッター、フェイスブック、LINE、ミクシィなど、たくさんのSNSが、企業の参加を求めています。そのためにお金がかかるところは基本的にありません。無料で利用できます。したがって、どんな小さな企業であろうと、SNSで宣伝することから始めるのが一般的になりました。

宣伝がじゅうぶんにニュース価値の高いものなら、多くの人の目にふれるでしょう。社会現象となるような影響を与えることにつながることもあります。

しかし、たいがいの記事はそういうことにはなりません。1章で述べましたが、われわれは日々、消費しきれないほど多くの情報に接しています。多くの人にとって、その記事は「消費しきれない情報」のひとつになるだけです。

「売上が3倍になった」のは、宣伝のしかたがうまかったのでしょう。あるいは、先行者利益を享受しただけ、という可能性もじゅうぶんに考えられます。

SNSに投稿した宣伝記事は、基本的に無視されるものと認識すべきでしょう。有名なテロ集団の「イスラム国」でさえ、公開した動画を多くの人に見せるために、ツイッターのハッシュタグ機能を利用し、人々の会話の中に割って入っていったのです。「ただ投稿するだけでは無視される可能性がある」と知っていたのでしょう。

それが人々の目に止まれば、とんでもない事態へと発展することもあります。政府を転覆させるほど強い力を持つこともあります。とはいえ、この力はコントロールできません。同じ力が自分を害する方向にはたらくことも、当然、あるのです。

4-4 ネット上の「正義漢」が人を裁く

インターネット上の情報はあらゆる人が見ることができます。独り言のつもりで投稿した内容を見知らぬ人が見ていることもありますし、友達に気軽に話しかけたつもりでも、その話は多くの人に伝わることがあり得ます。

●「バカッター」と呼ばれた行動

ものごとには必ずよい面と悪い面があります。民衆がスマートフォンを手にし、SNSを得たことによって、自由に自分の意見を述べるツールを手にして、場合によっては政府さえ転覆させてしまう力を得たことは、「よい面」に分類されるでしょう。

ただし、ものごとには必ず「悪い面」がついて回るものです。次に紹介するのは、まさに「悪い」ほうです。

2010年代に入った頃から、「バカッター」と呼ばれる言動が話題になりました。バカッターとは、「バカ」と「ツイッター」を合わせた造語です。

SNSを利用している以上、その発言はインターネットを通し、全世界にばらまかれます。ことに、ツイッターには基本的に「公開範囲」という概念がありませんから、特別に設定しなければ投稿したものは誰だって閲覧可能になります。プライベートで利用しているつもりでも、投稿した内容は世界中に公開されているのです。

「バカッター」はそれを知らずに投稿しているので「バカ」と呼ばれました。

目の前の事象を写真に撮って、ツイッターに投稿する。それ自体は、とても簡単なことです。

当人はおそらく、友達や仲間に伝えることだけを考えていたのでしょう。いつも投稿に反応してくれるのは彼らだけだから、自分の投稿は彼らしか見ていないと考えがちです。だから犯罪とされる行為を撮影した写真や、反社会的言動を投稿したのです。気心知れた友達や仲間に自分の行動を知ってもらうつもりでした。彼らならばこちらのパーソナリティを知っていますから、笑って見ているだけだったかもしれません。

しかし、その写真や言動は、多くの問題をはらんでいました。ツイッターに投稿するということは、それを全世界に対して周知するということです。見ている者は、友達や仲間だけではありません。彼の犯罪的行為・反社会的言動は、第三者（次項で述べるインターネットに生息する「正義漢」たちなど）の目にふれてしまったのです。

自分が友達や仲間だけに伝えるためにした行動が、攻撃対象となっている。それに気づいたとき当人がとれるのは、アカウントを消去することだけです。アカウントそれ自体は簡単に消去することができますが、デジタルデータですから簡単にコピーができます。たいがいはコピーされて、それがばらまかれてしまうのです（このとき、SNSは大いに役に立ちます）。

こうした事件がいくつかあり、「SNSを含めたインターネットは世界につながっていて、誰が見ているかわからない」ということが常識として定着したため、一時期に比べてバカッターは減ったと言われています。

中には「誰が見ているかわからない」ことを理解していながら、自己顕示欲の発露として犯罪行為を投稿する者もいました。お店の商品にイタズラしたり万引きしたりするさまを動画共有サイトに公開した少年の件がニュースや新聞に取り上げられましたが、結局警察に逮捕されたため、こうしたケースも減っていくのではないかと言われています。

●「正義漢」が隠されているはずの情報を晒す

２０１１年、滋賀県大津市で、市内の公立中学校に通う2年生の生徒がいじめを苦に自殺する事件が起きました。「インターネットの意義」を問い直す事件として、大いに話題となりました。

学校および教育委員会は、事件を隠蔽しようとしました。加害者を含め、事件が起きていないかのようにふるまおうとしたのです。青少年の自殺は珍しいことではなく、この事件もそういうもののひとつとして処理しようとしていました。

しかし、これがいじめを原因とするものであることに、インターネットに生息する「正義漢」たちは気づいていました。彼らはいじめの加害者を突き止め、経歴や親類が運営しているブログなどを明らかにしました。さらには名前や顔写真、住所や電話番号なども公開しました。近くに住んでいる者の協力があれば、こんなものはすぐにわかるのです。それはSNSを通じて広められ、多くの人がこれを知ることになりました。

「正義漢」たちはこれを「晒す」と呼んでいました。隠されているはずの情報が、白日のもとに晒されるからです。

これは私刑じゃないか。そんな批判は常にありました。しかし、批判だけで済むものではなかったのです。

「正義漢」の一部が誤りを犯しました。事件に関係ない人間のプロフィールを晒してしまったのです。「晒す」とは要するにインターネット上に流出するのと同じですから、取り返しがつきません。しかも「正義漢」たちには責任がありませんから、誤っていたからといって訴えることもできないのです。

言うまでもなく、「正義漢」たちに司法権はありません。彼らが裁きを与えていいはずはありません。

かといって、「正義漢」たちが騒がなければ、学校や教育委員会の対応が問題視されることもなかったでしょう。事件は隠蔽されてしまったと思われます。また、この事件がきっかけとなって、2013年には「いじめ防止対策推進法」が国会で可決・成立しています。これは「正義漢」たちの行動がきっかけでできた法律だと言っていいでしょう。

「バカッター」と称し、ツイッターなどを通してインターネットに投稿された行動を問題視したのと、大津の事件を問題にしたのはどちらも「正義漢」たちです。むろん、「正義漢」を構成する人は異なっているかもしれませんが、行動原理は同じです。目的は私刑を行うことでした。私刑の特徴は、それを履行する者に責任がともなわないことです。間違っていても誰も罰を受けない。それが私刑です。

残念ながら、インターネット上の私刑を罰する法律はありません。法整備が進み、インターネットが秩序ある場所になるには、100年かかるのではないか、と言う専門家もいます。

SNSを含め、インターネットで情報発信するとは、「正義漢」たちの目にもふれることなのだ、ということは肝に銘じておくべきでしょう。

4-5
SNSとビッグデータ

ユーザがSNSに投稿した情報は、データの宝庫であると考えることができます。人によっては、何を食べているか、どこで遊んでいるかなどを、詳細なプロフィールとともに公開しています。個人がネットに知らせたものを集める。簡単に言えば、それがビッグデータの正体です。

●増え続けるデータ

近年、ビッグデータという言葉を耳にすることが多くなりました。文字どおり「大きい」データ、膨大な量のデータを表す言葉です。もっとも、漠然と「大きい」というだけで、それがどの程度の量なのか、きちんと定義づけられてはいません。要するに、何バイト（情報の単位）以上のデータを「ビッグデータ」と呼ぶのか、明確な指標がないのです。きわめてあいまいな言葉であると言えるでしょう。ITの世界は進展が速いため、こういう言葉は次々に出てきます。

シリコンバレーをドライブすると、「DATA」と書かれた看板がやたらと目につくそうです。まさにデータは米や野菜のように売り買いされるものであり、大量のデータを持っていることは財産を持っているに等しいと言えるでしょう。

また、「データは新しい石油である」という言葉があります。データが石油に比肩できるかどうかはともかく、それが新しい産業を生み出し、人間の生活に大きな影響を与えているのは事実です。

たとえば、スマートフォンを持っていて、地図アプリを使ったことがある人は多いでしょう。地図アプリはたいていあなたの周囲界隈の情報を表示してくれますが、これは地図アプリが「あなたのいる場所」を送信しているから可能なのです（これをGPS機能と呼び、送信相手はたいがい人工衛星です）。このとき、必ず「あなたのいる場所」を示すデータが生まれます。すなわち、地図アプリの運営会社には、毎分毎秒大量の位置情報が送り届けられることになるのです。

調査によれば、2010年に0・988ゼッタバイトが生み出されていたデータは、2020年には総計40ゼッタバイトに増加すると言われています（図8）。ゼッタとは、世界中の砂浜にある砂の数を表すときに使う単位だそうです。あまりに数が大きすぎてピンときませんが、「毎日、ものすごくたくさんのデータが生み出されている」と考えていいでしょう。まさに「ビッグデータ」です。

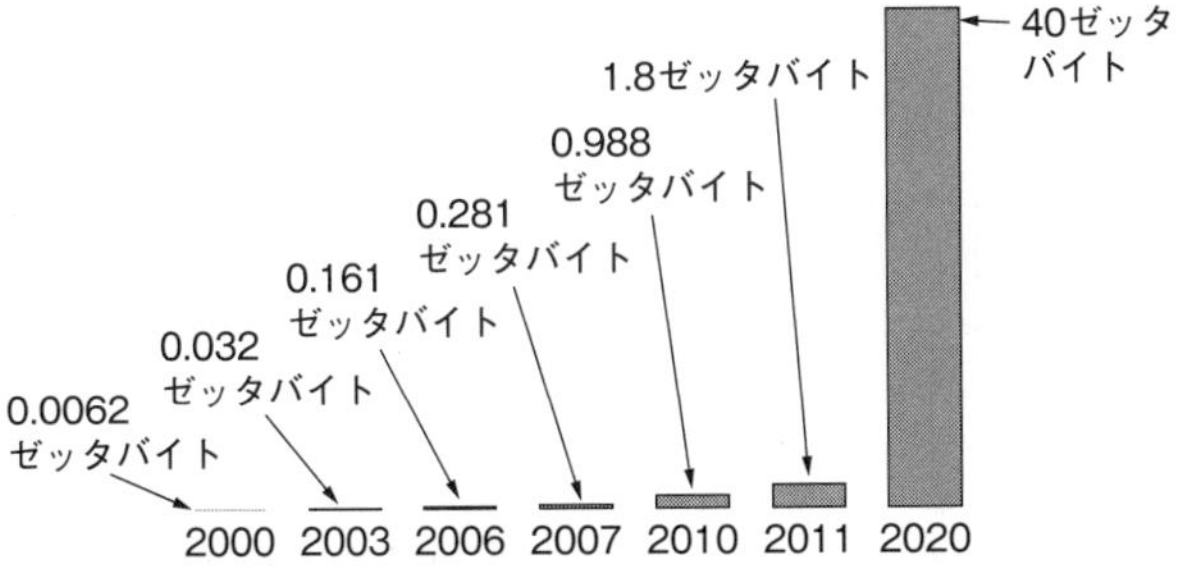

図8　デジタルデータ量の増加予測

2010年には0.988ゼッタバイトだったが、2020年には約40ゼッタバイト（約40倍）に増加すると言われている。
総務省『ICTコトづくり検討会議』報告書に掲載のグラフ（15ページ）をもとに作成（http://www.soumu.go.jp/main_content/000242149.pdf）

●ビッグデータとツイッター

SNSに投稿される情報は、豊富な情報を含んだビッグデータと考えられています。

SNSに投稿される内容は、基本的に投稿者個人のものとされていますから、第三者が自由に扱っていいものではありません。ただし、ツイッターはマイクロブログとかミニブログという異名があるとおり、そこに書かれたものはブログなどと同様、公的なものとして扱われます。むろん公開範囲（69ページ）を設定することは可能ですが、誰でも閲覧可能な状態で使うのが普通のようです。

統計によれば、2014年の時点でツイッターのユーザ数は2億5000万人（次ページの図9）いると言います。3億人を超えるのも時間の

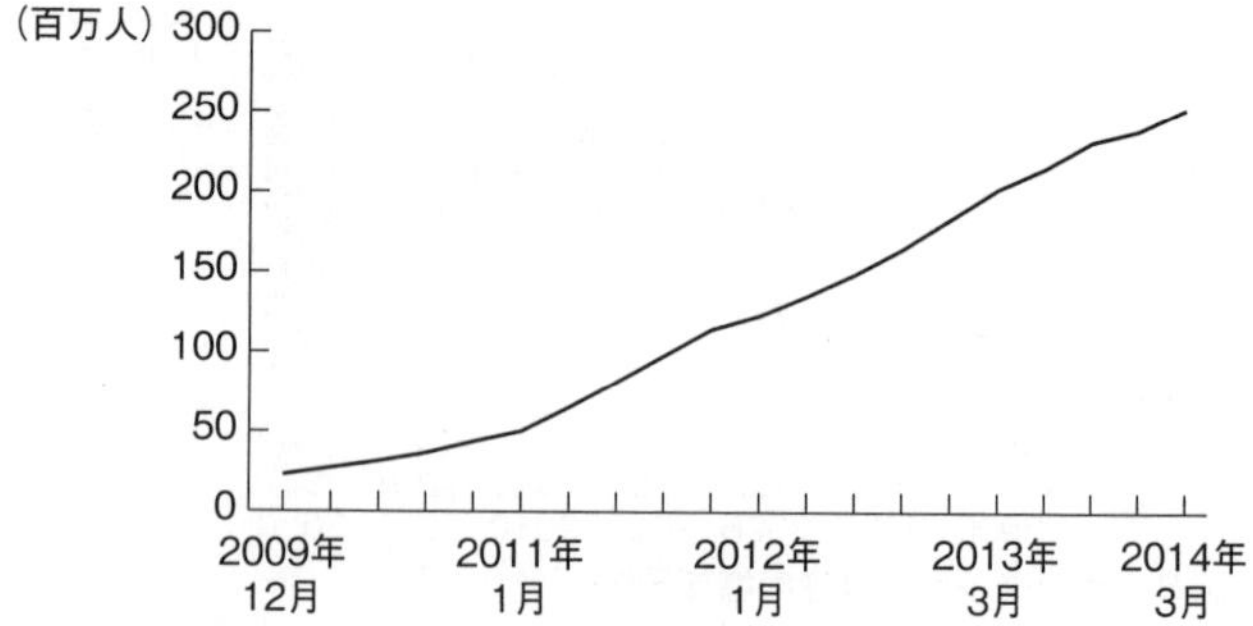

図9　全世界のツイッターのユーザ数の推移

総務省『平成26年版　情報通信白書』第１章「地球的規模で浸透するICT」に掲載のグラフ（４ページ）をもとに作成（http://www.soumu.go.jp/johotsusintokei/whitepaper/ja/h26/pdf/index.html）

問題でしょう。ツイッターに投稿された発言をすべて保存するだけでも、相当有意義なアーカイブ（保存記録）を作ることができそうです。

これだけ有意義なものを手にしていて、それを利用しない手はありません。２０１４年、ツイッターは世界最大のソーシャルデータ販売会社、Ｇｎｉｐを買収しています。ツイッターは近年でこそプロモツイートおよびプロモトレンドという広告機構を持ち、収入を得ることができるようになっていますが、運営の巨大な規模からすれば、ここで得られる額はほんのわずかだと言われています。しかも、２０１２年に至るまで、ツイッターはこの仕組みを持っていませんでした。すなわち、これといった収入機構を持たずに運営されていたのです。そんな会社が買収だって？　この事実は大きな話題を呼びました。

買収相手のＧｎ・ｉｐは、ツイッターのほか、「Tumblr」「Foursquare」「Disqus」と提携し、データ分析をして企業に売っている会社です。ツイッターは現在、Ｇｎ・ｉｐを擁し、データ分析をしながら運営されています。

●お金にならないデータが活用された例

データの中には、即座にお金に換えられるものも存在します。たとえば、ツイッターに記された情報の中には、すぐに売れるようなものもあるでしょう。ひとつでは意味がありませんが、「ビッグデータ」、つまり大量にあるのですから、欲しがる顧客はありそうです。たとえば、特定商品の感想を集めたデータがあったら、その商品の開発会社は買ってくれるでしょう。

しかし、ビッグデータと呼ばれるものの多くは、集めたところで何の役に立つのかわからないものがほとんどです。要するに、すぐにはお金に換えられないもの、お金にする方法を思いつかないものばかりだと言うことができます。そうしたデータは、「いつか、何かの役に立つだろう」という考えのもとに保存されています。

すぐには役に立たなかったものの、保存されていたおかげでのちに大いに活用されたデータの例をひとつ、ご紹介しましょう。

２０１１年の東日本大震災では、避難所に救援物資が届かない、という問題が起こりました。震災後、地域住民やボランティア、自衛隊の手によって、幹線道路から避難所までの道が作られましたが、道ができても救援物資はじゅうぶんに届かなかったのです。ある避難所では、全員にじゅうぶんな量の食糧が行き渡ったのは、震災から１ヵ月が経過してからだったと言います。

道はできていたし、物資はあったにもかかわらず、どうして届けられなかったのか。その原因の究明が始まります。その際に大きく役立てられたのが、「当座は必要ないけれども保存されていた」データだったのです。

データの解析により、救援物資を積んだトラックの動きが解析されました。自動車のＧＰＳデータの中からトラックのものを選び出し、その動きを追ったのです。すると、驚くべきことがわかりました。道があるにもかかわらず、被災地入りしたトラックはほとんどなかったのです。要因は燃料の不足でした。被災地に行けても帰るための給油はできないとなれば、ドライバーは被災地入りをためらうでしょう。

さらにデータを解析することにより、震災前の東北沿岸にどのようにしてガソリンが供給されていたかもわかってきました。ガソリンにはいわばキーステーションがあって、そこから納入される形をとっていたのです。このキーステーションが被災してダメになると、ガソリンの供給がストップしてしまうのです！

次に大規模災害が起こったとき、同じ轍を踏むことは避けねばなりません。平常時のコストを考えれば、近場にキーステーションを構築し、そこからすべての場所に納入するスタイルをとるのがもっとも合理的です。しかし、燃料のように生命に直結するものは、多少のコストを犠牲にしても、別のルートで納入する道を作っておかなければならない。リスクは分散させねばならない。多くの人がそう学ぶことになりました。

このような反省をもたらし、予想される災害への備えの道を切り拓いたのは、「すぐにお金に換えることができない」ビッグデータだったのです。

●データサイエンティストの活躍

ビッグデータの興隆とともに、それを読み解くのを専門とする職種の人が注目を集めるようになりました。「データサイエンティスト」と呼ばれる人たちです。日本の大学だと、統計学を修めた人が多くなっています。

すでに述べたとおり、ほとんどのデータは「何の役に立つかわからない」ものばかりです。それを役立てるためには、相応の「目」がなければなりません。普通の人にはガラクタが積み上げられたゴミの山にしか見えないものでも、見る人が見れば宝の山となります。そんな「目」を備えた人が求められているのです。データ解析にはHadoop（データを効率よく処理するオープンソースのソフト）など特殊な知識を要するものが多く、そうした能力はたいへん重宝されています。

ある笑い話に、アイスキャンデーの売上データ解析を1年かけて行ったところ、7月と8月の売上が多いことがわかった、というものがあります。アイスキャンデーの売上が真夏に増えるなど当然のことです。1年の月日をかけて専門家使って何やってんだ、というのがこの話のミソなのですが、データを解析して知りたいのは、誰でもわかるような結果ではありません。「当然のこと」の背後にある、データを解析しなければ見えてこない事実なのです。

アイスキャンデーの例で言えば、「20歳から30歳の男性は、スポーツのあとにコーラ味のアイスキャンデーを買い求めることが多い」という結果を導き出したならば、素晴らしい結果と言えるでしょう。販売網の見直しにもつながり、新たなビジネスを考案することもできそうです。

もっとも、このような結果を導き出すためには、売上データばかりでなく、SNSを含めた数多くのデータを読み解き、総合する必要があります。当然のこと、多大な労力と才能を必要とする作業になります。

4-6 プライバシーとターゲッティング広告

ソーシャルメディアに投稿された情報は、それを得た企業によって利用されます。SNSへの投稿内容はむろんのこと、ネットショッピングの買い物リストやブログ記事なども参照されます。

●アイドル好き？の部長さん

ある部長さんが、カラオケで若い部下のウケをとろうと、アイドルのCDを大量購入したそうです。対面で買うのは恥ずかしいので、ふだんは使わないネット・ショッピングを利用したと言います。すると、ショッピング・サイトのトップページとサイトから送られてくる宣伝メールが、アイドル関連の商品ばかりになってしまったそうです。カラオケは若い社員に大ウケでしたが、ショッピング・サイトはすっかり部長さんをアイドルが大好きな人と認識してしまいました。

どうしてこんなことが起きるのでしょうか。理由は簡単です。ショッピング・サイトは基本的に過去の購入履歴を参照して、サイトのトップページに表示される「商品のオススメ」

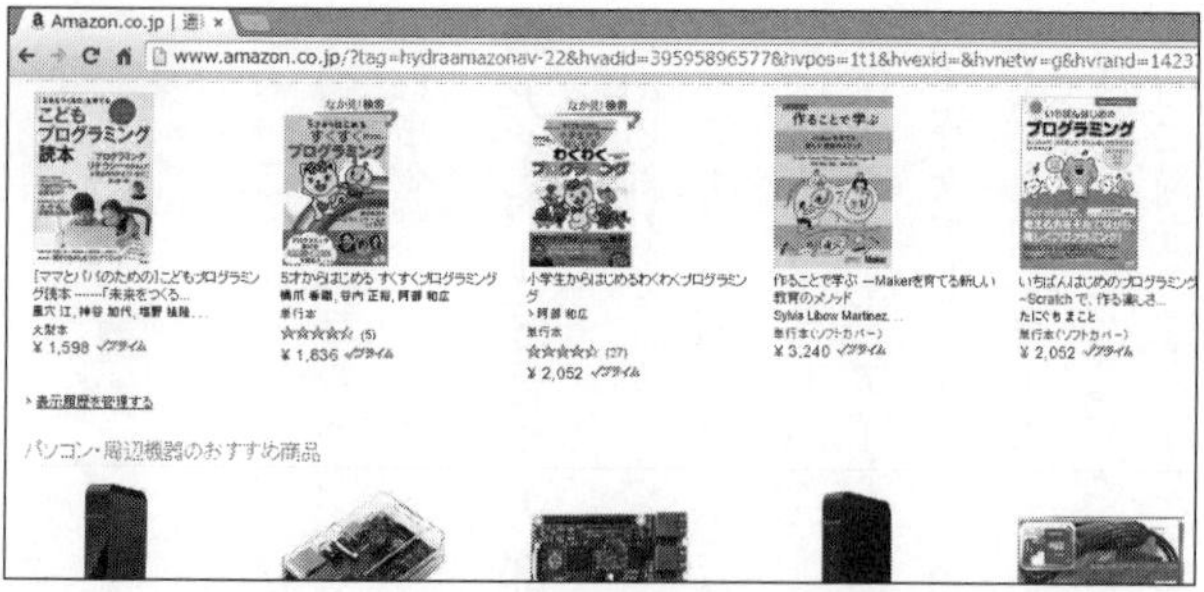

図10　ショッピング・サイトで表示される商品のオススメ

購入履歴と検索履歴を参照して構成される。買った物や閲覧した物から作られるので、表示される内容は各人によって異なる（上図の場合、コンピュータプログラミング関連の書籍や製品が表示されている）

や宣伝メールの内容を制作するのです（図10）。

前述の部長さんの場合、名前や住所、クレジットカードの番号など、購入や配達のために必要な情報をのぞけば、部長さんの好みを表現するデータは購入履歴（と商品の検索履歴）のみです。実際に部長さんがどんな人物であろうとも、彼はそれしか買っていないのですから、「アイドル好き」と認識されてしまっても仕方がありません。

たとえばここに、部長さん本来の趣味である藤沢周平の小説を購入した情報が加われば、おそらくオススメは半分がアイドル、半分が時代小説になるでしょう。購入履歴は部長さんを「アイドルが好きで、時代小説が好きな人」と認識するからです。

このように、部長さんがネット・ショッピングを利用すればするほど、サイトの情報は部長さんの実像に近づいていきます。SNSも同じことがいえます。使えば使うほど、あなたの人格は明確になるのです。インターネットを通して行動することは、こちらの人格を明かすことなのです。

●価値あるSNSの情報

SNSは情報の宝庫です。たとえばフェイスブックには、名前、職業、生年月日、住所、学歴・職歴、電話番号、出身地、既婚未婚の別など、ありとあらゆることを記載する欄があります。交友関係も明らかですし（「どういう人たちとつながりがあるのか」がキモですから！）、あなたがヘビーユーザなら、日記や雑感、写真や動画なども投稿するでしょう。そこからあなたがどこにいるか知るのは難しいことではありません。

ビッグデータとの関わりで言えば、これほど有意義なデータはありません。個人によって投稿の内容が異なるため、機械的に読み取ることのできる情報は限られてしまいますが、友達だけに打ち明けるナマの意見や、どんな食べ物を好んでいるかなどの情報が、各人のプロフィールとともに公開され、それが大量に入手できるならば、これほどありがたいことはありません。

こうした情報は得られる場所が限られており、さらにぶっちゃけて言うならば、手っ取り早くお金になるので、多くの人が欲しがっています。

データを入手する目的で、SNSが悪用されたこともあります。たとえば、ある記事には、個人情報が筒抜けとなるような仕組みが設けられていました。投稿された記事に賛意を表したり、拡散したりすると、プロフィールが悪意のある人に送信されてしまうのです。

この事件を要因として規約を改正したSNSは数多くあります。したがって同じ手口は使われにくくなっていますが、今後も類似の事件は依然として起こるでしょう。SNSの情報は、「価値ある情報」であり、「盗みたい情報」なのです。

●ターゲッティング広告とは何か

前項のような話を聞くと、SNSにプロフィールなど明かしたくない、と考える人もいそうです。

もちろん、多くのSNSで、個人情報をすべて「公開しない」設定にすることはできます。自分だけが見るようにもできるし、指定した友人だけが見ることができるように設定できるサービスもあります。もっとも、「自分のみ公開」で使用している人はほとんどいないでしょう。多くの人は、他人とコミュニケートするためにSNSをやっています。自分ひとりだけで自分のプロフィールや投稿を眺めていても、あまり意味はないでしょう。

仮にプロフィールを自分だけに公開されるように設定したとしても、見ているのは自分だけと考えるのは早計です。

公開範囲を「自分のみ」にすれば、友達や仲間はあなたの投稿を見ることができなくなります。ただし、ＳＮＳの運営会社は別です。あなたが投稿した情報に、いつでもアクセスすることができます。これを広告事業に役立てる企業も少なくないと言います。

まず、従来の広告の例として、自動車のテレビＣＭを思い浮かべてみてください。有名俳優を起用し、場合によっては海外ロケを行うこともある自動車のテレビＣＭは、広告の中でもっともお金がかかっているもののひとつです。

ＣＭの対象となるのはもちろん、自動車の購入を考えている人です。その人は間違いなく運転免許を持っているでしょうし、マイカーの購入を考える程度には経済力があります。

ところが、テレビＣＭは、そういう人だけを対象にして見せることはできません。むしろ、ＣＭはお客さんになってくれそうな人がたくさん見ているだろう時間帯に放映されます。しかし、実際にＣＭを見ているのは、運転免許を持ってない人かもしれないですし、中学生かもしれません（たまたま居間に寝そべっている犬かもしれません！）。

このように、インターネット以前からある従来の広告は、「対象となる人だけに見せる」

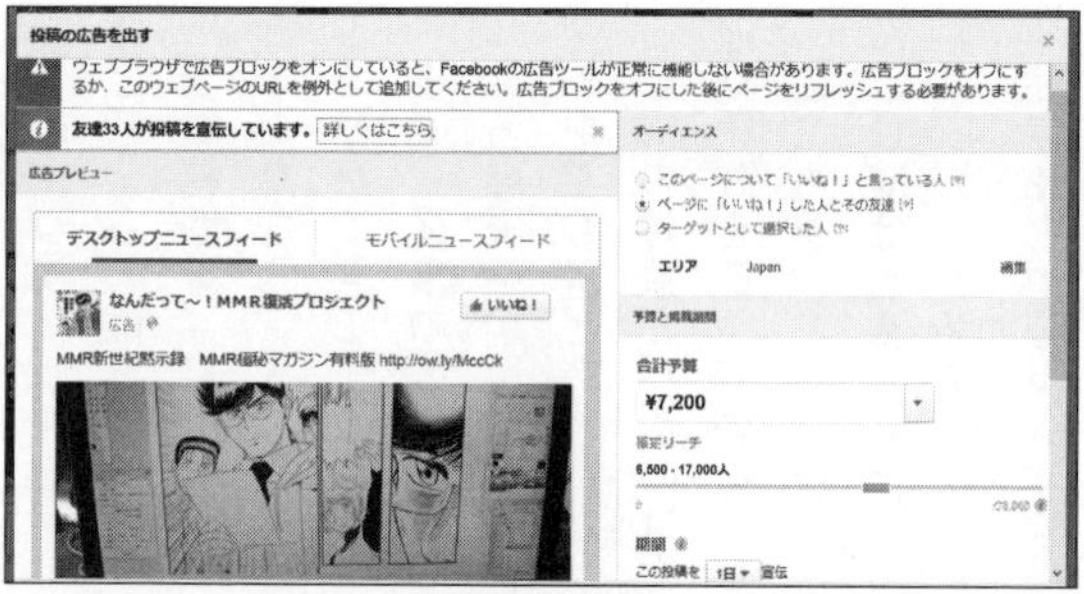

図11　フェイスブックの広告出稿画面

予算と出稿期間はむろんのこと、「誰に対して広告したいのか」も必ず問われることになる。フェイスブックは広告依頼を受け取ると、広告スペースに記事を表示する。ユーザが入力した予算や期間は必ず参照される。

というところまで力が及ばないものでした。

インターネット広告が劇的に変えたのはここです。相手がどんな人かわかっていて、その人に合った宣伝をクリエイトする。自動車なら、運転免許を持っていて、購買意欲がありそうな人だけに宣伝します。

相手の人となりを理解し、相手が欲していそうな広告を届ける。こうした広告を「ターゲッティング広告」と呼んでいます。

フェイスブックの主な事業は、広告事業です。広告の表示は相手の年齢や性別、趣味嗜好などを参照したうえで行われます（図11）。中学生に対して自動車の宣伝をするようなことは、まず起こりません。

フェイスブックのターゲッティング広告は、ときに「気持ち悪いほど精度が高い」と言われます。相手の年齢・性別、職業や居住地などから、「欲しいもの」を割り出しているからです。仮にプロフィールを記入しなくとも、彼・彼女の投稿や交友関係から、どんな人なのか、何が欲しいのか、類推することができます。

ここではフェイスブックを例にあげましたが、どのSNSでも基本的には同じです。SNSに書き込むということは（公開範囲がどうあろうと）運営会社に見られるということであり、広告などの事業に利用されることを意味しています。

●広告事業と個人情報

広告事業とは、早い話が「ここに広告を出すと、これだけの売上が見込めますよ」「こういう人が見てくれますよ」というアピールを行って、広告スペースを買ってもらう事業です。これは、ビルの上に掲げられる看板広告であろうと、インターネット広告であろうと変わりません。

こうしたアピールを有意義なものとするには、ユーザがたくさんいる必要があるでしょう。

広告を有効なものにしようとすればするほど（人が集まれば集まるほど）、プライバシーの問題は起こってきます。

個人情報をビジネスに利用するのは、SNSだけではありません。たとえば、2013年には、JR東日本がICカードSuicaの乗車履歴(○月×日△時に上野から品川まで乗車した、というような記録)を販売したことが大いに問題となりました。また、携帯電話会社が、ユーザのデータを販売することも発表しています。

SNSに寄せられたパーソナルな情報をもとに広告事業を行っている企業は多くあります。これを利用した犯罪もあとを絶ちません。プライバシーにかかわる情報を預けているかぎりリスクは存在します。

防ぐ方法がないわけではありません。いっさいデータを生みださなければ、これを悪用されることもありません。

クレジットカードを使わず、サービスカードを作らず、携帯電話も持たず、SNSには当然入会しない。名前を明かすことに神経質になれば、あなたのプライバシーはほぼ完全に守られるでしょう。正しい意見だと思います……現実的かどうかは別にして!

●SNSが衰退するとき

フェイスブックが人気を持つ以前、世界でもっとも受け入れられていたのはMyspace(マイスペース)というSNSです(図12)。マイスペースは現在も運営さ

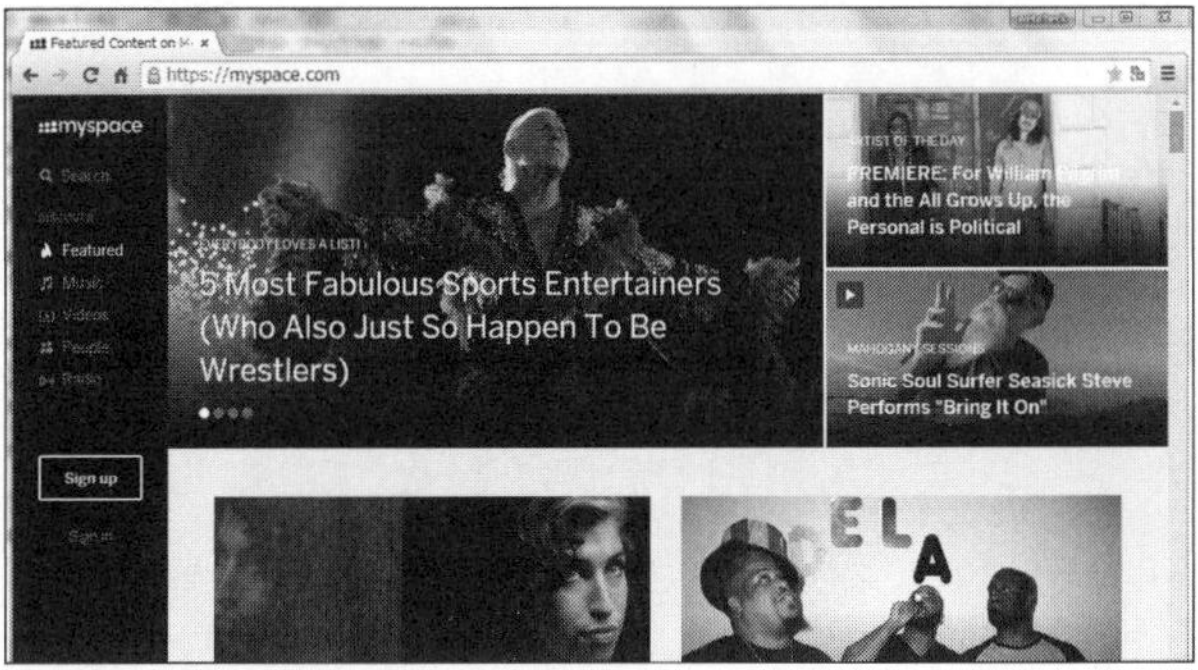

図12　現在のマイスペース
往時ほどさかんに利用されてはいないが、音楽を基本に据えたSNSとして存続している。

れていますが、往時の勢いは失われてしまっています。

マイスペースはなぜ廃れたのか。そこにはさまざまな要因が考えられますが、ターゲッティング広告を上手に打つことができなかったからだ、とはよく指摘されるところです。

マイスペースは、フェイスブック同様、広告事業で収入を得ていました。ただし、そのほとんどがターゲッティング広告ではありませんでした。要は、テレビCMと同様に、モニタの前に誰が座っているかわからないが、広告は表示されるというスタイルをとっていたのです。すると、少年ユーザに成人向けの広告が表示されたり、女性ユーザに成人男子向けの広告が表示されたりします。これでは当然のこと、人は離れていくでしょう。

現在の民放のテレビ番組を見るとわかります

が、CMタイムは決して長くありません。スポンサーが仮にコカ・コーラだとして、1時間を買い取っているならば、自社商品の宣伝を1時間流していたって何ら問題はないのです。コカ・コーラは出資しているわけですから、法にふれないかぎり何をしても自由です。しかし、コカ・コーラは決してそんなことはしません。基本的には自社の商品と関係ない番組を作っています。商品を宣伝するのはCMタイムだけです。

どうしてそんなことをするかといえば、CMが連続したら誰も見てくれないからです。楽しい番組があって、その合間にCMがある、という形なら、たくさんの人が見てくれます。CMはあくまで刺身のツマであり、それが望ましい位置である、という常識はテレビ業界では確立していると言えます。

同じことはインターネットでも言えるはずなのですが、たぶん新しい業界だったからでしょう。CM（広告）がメインになる、という光景があちこちで見られました。138ページの表に示したとおり、検索エンジンにおけるグーグルの優位は圧倒的ですが、グーグル以前はAltaVista、goo、infoseekといったところが利用されていました。検索エンジンとしては明らかに後発だったグーグルを多くの人が使い始めたのは、広告の扱いに気をつかったことが大きな要因としてあげられます。具体的にいえば、「犬」という単語を検索したとき、犬という動物の解説（一般の記事）とドッグフードの宣伝（広告）を分けて表示するようにした、という点がとても大きかったのです。

広告は利潤をもたらしてくれる大事な存在だが、ユーザの邪魔になるようであってはならない。テレビやラジオでは常識となっていることが、インターネットの世界でようやく一般化されたといえます。

SNSにおいても広告は重要です。しかし、それがユーザの目的（コミュニケーション願望）を妨げるものであってはならない。マイスペースが衰退した一因としてあげられるのは、ユーザが制作した記事よりも、広告のほうが目立ってしまっていることでした。

●ターゲッティング広告によって買い物がしやすくなる

さて、部長さんの話に戻りましょう。

サイトのトップページや広告メールは、アイドルのグッズで満たされました。これこそがターゲッティング広告です。部長さんを「アイドル好き」と認識したショッピング・サイトは、そればかりオススメしてきます。普段はアイドルなんか興味がない部長さんだから笑い話になりますが、本当にアイドル好きの人にとってはありがたいことです。

今後、部長さんが藤沢周平を買えば時代小説を、ヒッチコック映画のDVDを買えば古い洋画を、サイトはオススメするようになります。購入履歴が部長さんの実像に近づくほど、部長さんにとって「買い物のしやすさ」は高くなっていくのです。

そして、部長さんの使い勝手がよくなるほど、データとして価値は高くなります。購入履歴とは、言い換えれば「その人が欲しがっていた／手に入れたものの一覧」なのですから。データとしての価値はきわめて高く、それを欲しがる人も多くなるのです。

ターゲッティング広告をしないのが「セキュリティ的に安心な」サイトなのですが、それってどうなんだろう、と思いませんか。購入履歴を参照しないわけですから、部長さんのサイトには、世間でもっとも売れている映画や本やCDが表示されることになります。藤沢周平が好きでヒッチコックが好きな部長さんが、果たしてそれを喜ぶでしょうか？　ある程度ターゲッティングしてくれるからこそ、インターネットの、SNSの広告に意味があるとは言えないでしょうか？

4-7 SNSとプラットフォーム・ビジネス

本章の最後に、SNSとプラットフォーム・ビジネスの関係についてお話しします。近年、経済界では「プラットフォーム」という言葉がしきりにささやかれるようになりました。ITだけに適用される概念ではないのですが、IT業界の事物について使われることが多いため、ITの言葉と考えられることも多いようです。

●プラットフォーム・ビジネスとは何か

マイクロソフトとWindowsを例にして考えてみましょう。

マイクロソフトの創業者、ビル・ゲイツ氏は世界有数の大金持ちですが、彼が大金持ちになった大きな理由は、主力商品Windowsが、どんなパソコンにも搭載されていたからです。

創業当初、小さなベンチャー企業の社長だった彼は、マイクロソフトとともに成長していきます。パソコンがあらゆるオフィス、あらゆる家庭に入るにしたがい、マイクロソフトも巨大化していったのです。

ビル・ゲイツ氏が富を得たのは、「Windowsが、最下層のプラットフォームを制していた」ためと考えることができます。

Windowsの上では、数多くのソフトウェアが動いています。これらは、定期的なバージョンアップを避けることができません。Windowsが変わっている以上（Windows XPからWindows 7への変化はその最たるものです）、その上で動くソフトウェアも変化に対応せざるを得ないのです。つまり、ソフトウェアのバージョンアップは多くWindowsのバージョンアップが要因です。機能は変わらなくても、Windowsが変わった以上、新型に対応しなくてはなりません。

Windowsの仕様変更やバージョンアップは、基本的にマイクロソフトの都合だけで行われるものです。これは、最下層のプラットフォームを制した者だけが持つ特権です。多くのソフトウェア会社は、Windowsというプラットフォームの上でビジネスを展開しています。したがって、マイクロソフトの都合でWindowsがバージョンアップされれば、それに対応せざるを得ないのです。

近年、マイクロソフトの危機が叫ばれることが多くなりましたが、もっとも大きな理由は、スマホやタブレットなどにおいて、同社がプラットフォームを手にすることができていないためです。

●プラットフォームを制したLINEスタンプ

同じことはSNSにも見られます。

たとえばLINEです。LINEには、「LINEスタンプ」と呼ばれるものがあります(図13)。LINEはSNSとしてよりも、メッセージ・ツール、つまりメールの代用として広まった側面が強いため、ちょうど絵文字のような感覚で使用されていると考えていいでし

図13　LINEスタンプ
出版社もマンガのキャラクター（上図は講談社のもの）を使ったスタンプを作成している。

よう。スタンプを用いると、コミュニケーションが豊かになるのです。

　スタンプに用いられるイラストの多くは、販売されています（次ページの図14）。スタンプは買って使うもの、という常識も定着し、レアなスタンプのコレクターもいるそうです。

　2015年現在、LINE株式会社は、スタンプの制作と販売を奨励しています。むろん、ユーザがより楽しむことができるからですが、同時にスタンプを販売すれば、LINE株式会社は売上の35パーセントを得ることができるという理由もあります。早い話がショバ代ですが、LINE株式会社はスタンプ販売によって、こうした収入を得ることができるのです。

　別の言葉で言い換えるなら、「LINEはプラットフォームを制している」となるでしょう。ス

図14　LINEスタンプの多くは販売されている
スタンプ販売によってLINEは収入を得られる。

タンプは広報手段にもなり得ますから、大小さまざまな企業が商品のスタンプを制作し、販売しています。そのたびにLINEは儲かるわけです。何もしていないのに！　何もしていないのに儲かる、プラットフォームを手にしたものが得る大きなメリットです。

同様の仕組みはフェイスブックなども備えています。しかし、少なくとも日本においては、ＬＩＮＥほどスタンプ販売ビジネスで成功を収めた会社はないでしょう。

●プラットフォーム企業の都合で振り回される

プラットフォームを押さえていれば、自分の都合でものごとを進められます。逆に言えば、プラットフォームを持っていないかぎり、永遠に振り回されねばならない、ということです。

たとえばＦａｃｅｂｏｏｋページ（71ページ）では、企業は自社の名前や商品名のページを作り、宣伝に役立てることができました。フェイスブックの世界最大と言えるネットワークを利用できるわけですから、これを使わない手はありません。専門の部署を立ち上げて情報発信する企業も現れました。

ところが、２０１２年末ごろから、Ｆａｃｅｂｏｏｋページの記事は人目にふれることが少なくなっています。一説によれば、同社は有料広告との差別化のために仕様変更を行ったのでは、と言われています。

いずれにせよ、Ｆａｃｅｂｏｏｋページでの宣伝には以前ほど効果が望めなくなりました。専門の部署を立ち上げた企業は、ソーシャル・マーケティングの重要性を理解していた先進的な企業と言っていいと思いますが、その部署はプラットフォームが少し改定されただけで、意味を失ってしまう部署でもあったのです。

また、グーグルとツイッターの間でも同様のことがおきています。

以前はツイッターへの投稿をグーグルの検索システムを使って検索することが可能でした。「リアルタイム検索」という機能を使えば、今、この瞬間にどんなことがつぶやかれているのか知ることが可能だったのです。しかし、２０１１年夏、これらの機能は突如失われました。グーグルとツイッターの契約が解消されたためでした。まさに、プラットフォームを持っている企業同士が勝手に契約を打ち切ったために、ユーザが不利益をこうむらなければならなくなったのです。

2015年、2社はふたたび契約を交わしたとアナウンスされています。リアルタイム検索が復活するのもそう遠くないことでしょう（この本が出る頃には復活しているかもしれません）。

このように、ユーザはプラットフォームを持つ企業の都合に振り回されているわけです。SNSは無料で登録できますが、無料ってつまり、「文句を言う権利を持たない」ということです。運営側の都合で、慣れ親しんだ画面や投稿手順が変更され、多くのユーザが困惑することもよくあります。極端な話、「都合により、今月いっぱいでこのサービスを終了します」と言われても文句は言えないのです。タダで使っていたのはこっちなのですから！

5章

経験者が語るSNS利用術

最後の章では、実際にSNSを利用しているユーザにご登場願います。

SNSの「一般的なユーザ像」は、それが十分に拡大した現在においては、種々多様なものになっています。早い話が、人の性格がさまざまあるのと同様、その利用法もさまざまあると考えるべきであり、ひとつにまとめることはできません。

したがって、ここで紹介するお二方は、断じて「一般的なユーザ」ではありません。かたや世界でもめずらしい形でフェイスブックを利用し、活動に役立てている方。もう一方は、「インターネット元年」と言われる1995年より早くネットの存在を知り、日本でもっとも古いウェブページ（ホームページ）のひとつをいまなお運営されている方。

当然のことながら、いずれの方のSNS利用術もきわめて独創的です。

お二人に共通項はほとんどありませんが、ひとつだけ相通じていることがあります。失礼な言い方になってしまうかもしれませんが、お二人とも決して「若くはない」ことです。SNSより、インターネットよりずっと年上。それが彼らの年齢です。

ですが、若くないがゆえに、知り得ることも持ち得るものもある。若い人にはできないこともある。それを知らせてくれたのもお二人でした。お二人のSNS活用法は独創的ですが、それぞれの活動に見合った用法を自ら確立しています。それは、経験や蓄積など、ある程度年齢を重ねたからこそ芽生えてくる質のものなのでしょう。

自分に合った利用法を見つける。それがSNSなのだと思っています。

5-1 見られちゃう怖さより、得られるものの方が大きい

●フェイスブックで展開される「1枚の広告シリーズ」

鍋島裕俊氏は1950年、佐賀県佐賀市の生まれです。1980年に朝日新聞社系の折込広告会社に営業で入り、出版、マーケティングを経て、「朝日オリコミ」の戦略リーダーに就任されました。2015年春からは、自ら創設した折込広告文化研究所の代表をされています。

氏は主に、フェイスブックを舞台として活動されています。フェイスブックが持つ「実名制」という特徴が、氏の活動に適当だったのでしょう。

「1枚の広告シリーズ」は、過去の広告データをフェイスブックのニュースフィードに投稿する試みです（次ページの**図1**）。

これが大変めずらしいものであることは、少しでもフェイスブックを利用したことのある方なら了解されることでしょう。

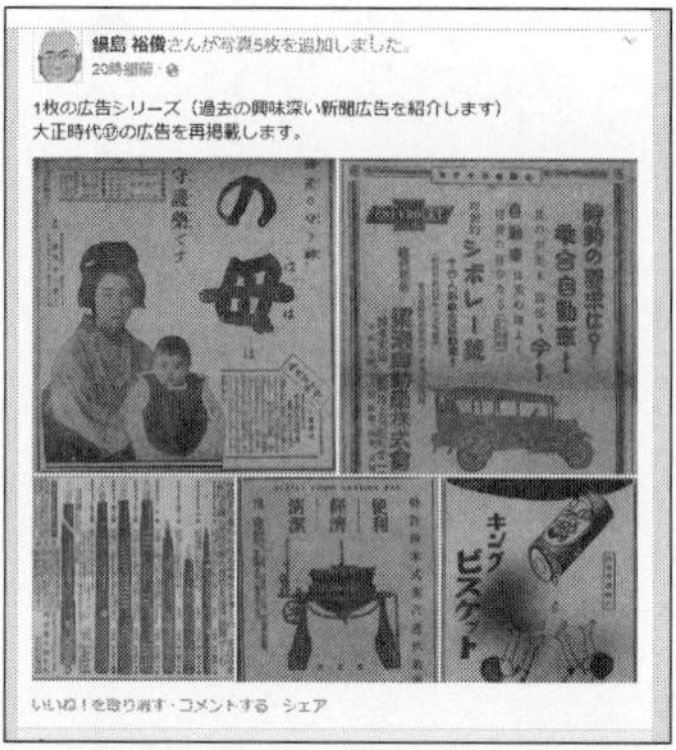

図1　フェイスブックのニュースフィードに投稿される「1枚の広告シリーズ」

フェイスブックは基本的に「日記」であると認識することができます。多くの人が、その日あったことや食べたものについて書いたり、写真や動画を投稿したりしています。自分が興味を持った記事をシェアする人もいます。これは「自分が制作に関わっていない」ことが多くなっていますが、それをシェアするのも、広義の日記であると解釈することも可能でしょう。

しかし、「1枚の広告シリーズ」は日記ではありません。

「1枚の広告シリーズ」のような試みは、インターネットのあちこちで見ることができます。ウェブページ（ホームページ）やブログのネタとしてはありふれたものであると言えるでしょう。現在、ホームページやブログの運営に関する書籍や記事は掃いて捨てるほどありますが、そのいずれも、「1枚の広告シリーズ」のような企画をテーマとして取り上げています。

しかし、海外のものを含め、SNSの利用術を解説した幾多の書籍や記事には、「1枚の広告シリーズ」のような利用法は紹介されていません。これは鍋島氏独自の使用法だと断じて間違いないでしょう。

「なぜフェイスブック⁉」

それがいちばんの疑問でした。どうしてウェブページやブログではないのだろう。意図があるのだろうか。

後述しますが、「1枚の広告シリーズ」をフェイスブックのニュースフィードを舞台として展開したことは、圧倒的に正解でした。ウェブページやブログにはない大きなメリットがあります。

氏はどのようにして「1枚の広告シリーズ」をフェイスブックに掲載することを発案したのでしょうか。

●フェイスブックなら、多くの人に見てもらえる

「僕は折込広告の伝道師を自任しているんです」

鍋島氏はニコニコしながらそう語ってくれました。

「増田太次郎さんという方がいたんです。広告の蒐集家で、江戸時代の引き札に始まる広告を集められていた。著書もあります。この方が亡くなってから、広告はやる人がいなくなってしまった。あとを継ぐのはオレしかいねえな、と思いました。それが『伝道師』になった理由です」

広告を伝えたいんだ、見てほしいんだ、という気持ちは、氏の投稿を見れば伝わってきます。

とはいえ、繰り返しになりますが、なぜフェイスブックを選択したのかという疑問は残ります。

「以前、依頼されてブログに寄稿していたことがあるんです。時間をかけて記事を書いていたし、それなりに知恵もしぼっていました（図2）。広告ってのはね、今フェイスブックでやっているみたいに、ただ見せるだけより、面白いことがたくさんあるんです。本当に紹介したいのはそっちなんですよ。ブログではそれを書いていました」

本当に紹介したいこととはどんなことですか。

「広告がいちばん面白いのは、比較することです。たとえば九州のある町と東北のある町で、同じ一週間の折込広告を比較する。すると、面白いことがたくさん見えてくる。たとえば季節感。九州と東北じゃ違っている。すると、値段が違ってくる。同じサンマだって、同

図2　鍋島氏が寄稿していたブログ『花期花会』

http://www.fun-site.biz/nabeshima/

時期の九州と東北じゃ値段がぜんぜん違うんです。時代背景も見える。土地柄も見える。折込広告を見るのは、そういう面白さがあるんです」

「比較するのは同じ時期の同じ町でもいい。たとえば、ある店で牛乳が安いのは月曜と水曜だとしますよね？　当然、月曜と水曜の朝には特売の広告を出す。すると、別の店ではいくつか戦い方が考えられます。ひとつは牛乳とは別の、たとえば卵を安くする方法。さらに、特売になる月曜と水曜を避けて牛乳を安くする方法がある。要するに、直接戦わない方法ですね。これに対して、真っ向から勝負する方法もあるんです。あえて月曜と水曜に牛乳を安くする。折込広告を見ることで、そういう物語を知ることができる。それが広告を見る面白さなんですよ」

「ブログに記事を書いていたときには、そこまで含めて折込広告の面白さを述べていました。でも、それを実行するには、文章をしっかり書くための時間が必要なんです。毎日なんて絶対できない。フェイスブックの『1枚の広告シリーズ』で写真を撮って見せるだけ、という形をとったのは、見せるだけなら毎日できるからです。できるかぎり手間のかからない形を選択したんですね」

「ブログでは比較して、物語を作って、きっちり述べていたせいでしょうね。ブログをやるなら、しっかりやらなきゃいけないと思ったんです。『1枚の広告シリーズ』がフェイスブックだったのは、何より簡便だったから。写真を公開するのがラクだから。スマホにしたのは1年ぐらい前だけど、スマホにしたら見せるのがよりラクになりました」

●相手がどういう人かわかるのが、フェイスブックのいいところ

「1枚の広告シリーズ」をフェイスブックで展開したのは圧倒的に正解でした。ウェブページやブログでやれば、そのページの存在を知らされた氏の友人・知人は見に来てくれたでしょう。興味のある人のアクセスもあるでしょう。

しかし、日常的にページを訪れる人は多くはありません。興味のある人だけが訪れるページの一丁あがりです。失礼ながら、「1枚の広告シリーズ」でそれほどアクセスがあるとも思えない。そのことも、鍋島氏にはわかっていたと思われます。

「ホームページとかブログには、強制力がないんです。見に来てもらう形をとるしかない。フェイスブックでやれば、みんなが見てくれる。それが大きいですね。見りゃ絶対面白いんだよ（笑）」

ウェブページやブログは基本的にアクセスを待つものです。しかしSNSはそうではない。「見せる」ことが可能になります。

余談ですが、筆者が広告の面白さを知ったのも、氏がフェイスブックで「1枚の広告シリーズ」を展開していたからです。氏と知り合ったのは活動とはまるで関係ない場所でしたから、もし氏がウェブページを持っていて、そこで情報発信していたとしても、見に行ったかどうかわかりません。SNSで公開しているからこそ、目にすることになったのです。しかも、写真は氏のパーソナリティーと一緒に入ってくることになりました。

「フェイスブックでやれば、『友達』には半ば強制的に見せることができます。写真を見た方の中には、『シェア』してくれる人もいるんですよ。すると、彼の友達にも見せることができる。そこには、『面白いことやってんなあ』と思ってくれる人もいるんです。まったく知らない人が興味を持ってくれることがある。そこから友達申請が来て、人脈が広がることもあります。フェイスブックのいいところはね、相手がどういう人か、わかるところです。共通の友達がいればそれが信頼になるし、こちらがどういう人間かもわかってくれる。『1

図3　公開範囲の設定
フェイスブックでは、図のように各記事ごとに公開範囲を設定することも可能になっている。

枚の広告シリーズ』をフェイスブックでやったのは、それが大きかったんじゃないかな。こちらがどういう人間か、何をしてるか知ってほしい、興味を持ってほしい。そこから広がるものってすごく大きいから」

　とはいえ、フェイスブックの利用法では、よくわからないところも多かったと言います。

「『いいね！』とか『シェア』はわかりましたよ。そういう基本的なところはすぐわかった。ただ、公開範囲の設定（**図3**）がよくわからなかったんです。『1枚の広告シリーズ』は、はじめ『友達の友達まで公開』で運営していました。今は誰でも見られるようになっているけど、以前はよくわからないで『友達の友達まで公開』にしていたんです」

　公開の仕組みがわかったのは、「1枚の広告シリーズ」を始めてだいぶ経ってからだそうです。

「逆に言えば、細部がわからなくても使えるということですよね。それがフェイスブックのいいところです」

●自分が何者かを知るのに最適なツール

当然、フェイスブックを友人に勧めることもあります。しかし、必ずしも勧誘に成功するとはかぎりません。

「やらない人、すごく多いですよ！」

なぜやろうとしないのでしょう。

「結局、やらないのは、プライバシーを大事にしている人だよね。よくニュースで問題になっているでしょう、SNSから個人情報がもれるって」

残念ながらそれは本当です。そして、氏もそれは理解しているらしい。

「フェイスブックはそのへん、あからさまだからね。気にする人は多いかもしれません。でも、個人情報って、SNSやってなくたってもれるものなんですよ。人が何をしてるか、どういう人間かって、会えばわかるでしょ？　人に会わずに過ごすことなんてできないんですよ。だとすれば、個人情報って、そんなに神経質になるものでもないような気がします。フェイスブックを嫌がる人は、たぶん、自分が何者か見えちゃう、見られちゃうことが怖いんだろうね……ただ、どうなんだろう？　そんなに自分て大事なものかな？　そこを捨てて得られるものの方がずっと大きいような気がするんです」

「『自分が何者か知る』『何のために存在しているか知る』って、誰にとっても人生の究極の目的でしょう？　それは、自分をいくら見つめたって絶対にわからない。他人とまじわることで、『ああ、自分はこういう人間なんだ』って見えてくるものだと思うんですよ。フェイスブックはそのためのツールとして最適だと思うんです」

人と知り合うことは何より大切なこと。それは鍋島氏の人生哲学でもあります。

「僕は広告の伝道師だって言ったでしょ？　伝道する、伝えるって、まず存在を知ってもらうところからしか始まらないんですよ。そのためには、まず見せること。認識してもらうこと。見れば面白いものなんだってわかってくれる。デザインとか、今に通じるところを知ってくれる。その中から、検証する人が出てきたらいいと思ってるんです。伝道するのはなぜかって、自分がやっていることを継承する人がほしいからなんですよ。フェイスブックは、そのためのツールとして最適だと思います」

氏はさらに、こうつけ加えました。

「ザッカーバーグは、オレのためにフェイスブックを作ってくれたんだと思ってるよ」

5-2

シニア世代こそ、SNSでもっと発信してほしい

●インターネットの黎明期から発信し続ける理由

本間善夫氏は2015年3月まで大学で化学分野の教員をなさっていた方です。2013年には「化学コミュニケーション賞2013」を受賞しておられます。さらに、ほぼ月一回のペースで開催される「サイエンスカフェにいがた」の幹事として、ご専門の分野だけではなく科学そのものを地域に広める活動もしています。また、日本コンピュータ化学会の理事もつとめておられ、『パソコンで見る動く分子事典』（講談社ブルーバックス刊）という著書（共著）もあります。

その歩みは、すべて「生活環境化学の部屋」というウェブページに記載されています（次ページの図4）。「生活環境化学の部屋」はその名のとおり化学がメインのページなのですが、それだけではありません。本間氏の活動が雑多であるように、ページの内容もまた雑多であり豊富なのです。

氏は新潟市にお住まいなのですが、新潟にインターネット・プロバイダができる以前か

図4　「生活環境化学の部屋」(ecosci.jp)
http://www.ecosci.jp/

ら、ページをオーガナイズし、情報を発信されてきました。「『生活環境化学の部屋』はインターネットの歴史とともにある」と断じてもいいでしょう。インターネット黎明期に始まったこのページを、どのように始めたのか、まずはそのいきさつを語ってもらいました。

「パソコンを使い始めたのは、実験データ整理のためです。学生の研究も含め、プログラムやデータは無償利用ソフトウェアとして公開したりパソコン通信のフォーラムのデータライブラリーに保存したりしていました。そんなことをしていたからでしょうね、１９９６年にホームページを作ることを勧められたんです。当時はＨＴＭＬの参考書もありませんでしたから、サンプルを見て、独学で覚えたんですよ」

ページ制作の理由は、何より「化学を広めるため」でした。

「長年、女子大や短大で若い人の相手をしていましたから、一般に分子が好かれないのはよくわかっていたんです。分子や原子は目に見えない。だから好かれないんですよ」

分子の存在を、誰にでもわかるように、目に見える形で表示しなければならない。それが、ホームページ開設のもっとも大きな動機となりました。

「情報機器の展示会のデモでモザイク（Ｍｏｓａｉｃ。最初期のブラウザ）を見て、ハイパーテキスト（リンク）ってすごいな、と思ったんです。ホームページなら、文章はもちろん、画像も掲載できます。海外のページにアクセスすることもできます。『インターネットの画像はＧＩＦ（画像のファイル形式。現在はあまり用いられない）』などを知ったのはその頃ですね」

本間氏は笑顔で語っていますが、その苦労は並大抵ではないでしょう。参考書もなくＨＴＭＬをイチから学習するのは相当大変だったに違いありません。『ターヘル・アナトミア』を翻訳した杉田玄白の苦労を思い起こさずにはいられませんでした。

さらに、当時はパーソナル・コンピュータがまだめずらしい時期です。オフィスや家庭にパソコンが配備されるのは、このあとのことです。台数が少ないということは理解者が少ないということ、そして1台あたりの値段がものすごく高いということです。ホームページを開設するにはサーバが必要で、これも有料です。今でこそレンタルサーバは二束三文になっていますが、当時はこれも高価だったに違いありません。かかるのは労力だけじゃない。コストもバカにならないのです。

「楽しかったんだと思いますよ。何でもそうだけど、楽しくないと続かないじゃないですか。もちろん仕事でやらなきゃいけないという側面もあったのですが、楽しいからやってた、というのも大きかったんです」

「インターネットって、電話線一本で（当時）世界とつながっていますよね。今は当たり前だけど、そこに感動した記憶があります。この線の先に世界があるんだ、って」

●とにかく発信しなければならないという気持ち

氏は、日常的に学生と接していたこともあって、ツイッターやフェイスブックもかなり熱心にやられています。

「インターネット関連の科目も担当していたので仕事でもパソコンに向かえますからねえ。子供からメールをもらったりすると、すぐに返信するものですから、『お父さん、返事早すぎるよ』ってよく言われるんですよ」

「生活環境化学の部屋」そして「サイエンスカフェにいがた」と、氏にはプロモーションしなければならないものがたくさんあります。だからSNSを利用するのだし、だから熱心に発信するのだろう。筆者はそう考えていました。しかし、そういった「目的ありき」な考え方でやっているのではない、と本間氏は語ります。

「とにかく、発信しなきゃいけないという気持ちが強いんですよ。それに突き動かされてる側面は大きいと思います。なんか、もったいなくてね」

もったいない？

「自分が得た情報は、人にも知ってほしい。その気持ちがすごく強いんです。たとえば政治のニュースなんか、自分が運営しているページにも、サイエンスカフェにも関係ないですよね。でも、自分がそのニュースに興味を抱いたなら、とりあえずSNSに流すんです」

「本って、100冊作ってベストセラーになるのが1冊だって聞いたことがありますけど、SNSも同じなんです。100投稿して、多くの人が興味を持ってくれるのはひとつあるかないかです。だとするなら、何日も間が空いてしまうのではそのチャンスを失ってしまうことになる。投げてみないとわかんないんですよ。みんなが何に興味を持って、何に食いついてくれるか。みんなが興味を持つ話題だけ投稿できればいいんだろうけど、たぶんそんな人はいないと思いますよ」

「もちろん、日常的な投稿が宣伝につながればすごく嬉しいです。ページに来訪してくれる

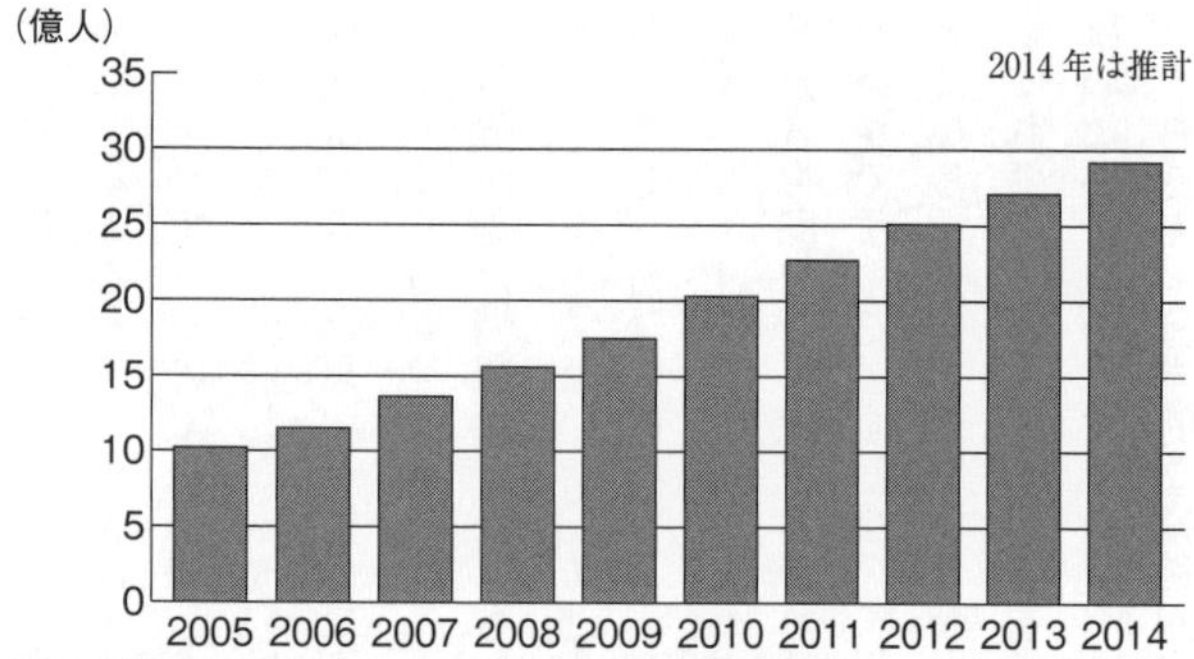

図5　世界のインターネット・ユーザ数推移

総務省『平成26年版　情報通信白書』第1章「地球的規模で浸透するICT」に掲載のグラフ（3ページ）をもとに作成（http://www.soumu.go.jp/johotsusintokei/whitepaper/ja/h26/pdf/index.html）

人が増えるのも嬉しいし、サイエンスカフェに来てくれる人がいればすごく嬉しい。でも、そのためだけに発信してるわけじゃないと思っています」

●ネット・ユーザは増えても、発信者は増えていない？

２０１５年、全世界のインターネット・ユーザは30億人を超えていると考えられます（図5）。世界の人口を70億人とするとその40%に当たり、これはものすごい数字です。スマートフォンやタブレットの隆盛が、その一翼を担っているのは間違いありません。

初期の頃からインターネットに関わっている本間氏にすれば、感無量というところでしょう。ユーザが増えるのは、正しさの証明です。

「うーん、ただねえ……あんまり増えた気がしないんですよ。どうですか、増えたと思いますか？」

筆者もまったく同意見でした。もちろん、統計上の増加率はすさまじいのでしょう。ただ、実感できないのです。

「これはある本の中の対談で識者が言ってたことですけど、スマホとかタブレットって、『受け身のツール』なんですよね。見ることはしても、オープンな形で発信することは少ない。そんなユーザが増えても『増えたなあ』とは思わないですよ。ネットは豊かになっていないですからね」

「たとえば、アマゾンで買い物する人は増えてるでしょう。でも、情報を出す人、発信する人はあまり増えていない。もちろん、ツールはどんどん身近になっています。扱いも簡単になっている。ブログよりツイッターの方が簡単だから、まずそっちからやれとはよく学生にも言ってるんです。でも、簡便になったから読み応えのある発信が増えてるかっていうと、そうじゃないいんじゃないかなあ」

「作家は段ボール箱数箱分のボツ原稿があって初めて一冊の本ができ上がるらしいけど、SNSはそういう態度じゃダメなんですよね。とにかく発信しないと、何も見えてこない……ほら、昔の教室って、端っこにストーブがあって、そのまわりでいろんなこと話してたじゃないですか。話が面白いやつもいるし、突然バカなことやり始めるやつもいる。そういう中でみんなの個性って明らかになっていきましたよね。インターネットもそういう場所になっていけばいいと思うんです」

「発信しない人は、インターネットの悪口だけは言うんです。『ウィキペディアはウソばかりだ』とか。ウソだと思うなら、直せばいいんです。あれはブログと同じで、簡単に直せるんです。それをしないでおいて、ウソを見つけて『やっぱりウィキペディアはダメだ』という……」

「悪い面はどんなものにだってあります。当然、インターネットにもある。ウィキペディアに間違いが多いのもそうだし、LINEがいじめの温床になっているのもそうでしょう。ただ、そういうところにばかり注目したら絶対によくなっていかないんですよね。もし悪い場所だと思うなら、いい場所にしていったり広げていったりする努力をするべきです。ネットはそれが可能な場所なんだから。『悪貨は良貨を駆逐する』って言いますけど、良貨を増やす努力をしないで、悪貨があることを言うのは絶対におかしいんですよ」

●向学心の旺盛なシニアにこそSNSを勧めたい

氏は大学の教員として、授業公開も行っていたと言います。

「やはり、もう退職された方、シニアの方がいらっしゃいます。わざわざ来て講義を聞こうというぐらいですから、向学心の旺盛な、意識の高い方が多い。ＳＮＳはそういう方にこそ勧めたいんですね」

シニアこそインターネットに接続してほしい。ネットを豊かにするのは彼らだ。氏はそう話します。

「シニアの方には、必ず持っているもの、長い年月をかけて培ったものがありますよね。それこそ、伝えていくべきじゃないでしょうか。それは、若い人が持っていないものなんだから。インターネットのいい点は、ものごとを伝えるために何の資格もいらないことです。テレビや新聞や雑誌で伝えるには障壁がある。でも、ネットにそれはないんです。ネットを使えば、自分が長い時間をかけて学んできたものを、残すことができるんです。今はＳＮＳがあるから、それを伝えるのも簡単ですよね。見るだけじゃなくて、そういうことに役立ててもらいたいんです」

「私も年齢を重ねました。そうなれば誰でもそうだと思うけど、自分の『終わり』も考えるんです。あるいは余生をどう過ごすか、とかね。自分のページは将来どうなるんだろうって考えることもあります。べつにページのおもりをしながら亡くなったっていいし、おもりする人がいなくなったら消えてもいいと思ってるんだけど、『化学を学べるページとして残したい』という気持ちもあるんですよ。ページを教科書がわりに使って勉強してくれる方もいらっしゃいますし。どこかアーカイブする場所があればな、と思います」

「それもあって国内外の研究・教育ページを見比べるんですけど、海外のページはデザインがいいですよね。科学者にそのセンスがある人は少ないから、国などがページを制作する経費を出してるんだと思います。国に『よりよい形で知識を保存しよう』という意識があるということです。日本はまだ、そういう動きはほとんどないです。『ネットは知の沃野だ』と言ったこともあるし書いたこともあるんですが、残念ながらそこまで至っていないということかもしれません」

●地方だからこそ情報発信すべき

新潟市出身の本間氏は現在、新潟にお住まいになっています。それ以前は米沢や弘前にいらっしゃいました。すなわち、ずっと地方都市で生活されているのです。中央と地方の差について、どう感じているのでしょうか。

「あんまりないかなあ、というのが正直なところです。東京のイベントを見に行くためによく上京しますが、『人、多いなあ』とは思います（笑）。今はネットがありますから、基本的にはそれだけで仕事などのやりとりができますよね。本を出版したときには編集の方が新潟まで来てくれたし、あまり東京に住む必然性を感じません。今、東京から新潟まで、2時間かからないんですよ。東京での飲み会から帰宅すると、へタすると私がいちばん最初に家に着いたりします。新潟がそれだけ近くなっているということだし、都内の方々は郊外から通っていらっしゃるということだと思います。郊外から東京に通うって大変だなあ、と思います」

「ただ、東京のほうが意識の高い人の絶対数が多いですよね。新潟はまずその数でハンディがある。その分、アクティブな人の割合を高めたいなあ、とはよく思います」

「意識が高い」とはどういうことでしょうか。

「魅力を外部に発信するということです。新潟はそれ、すごくへタなんですよ。いいところはたくさんあるはずなんだけど、それをアピールしないんです。よく学生が『私が考えてることは先生にはわかるんじゃないか』って考えるようですけど、そんなこと絶対ないんですよね。あなたの頭の中にあるものはアピールしなければ見えてこない。それは学生にもよく言うんですけど、新潟も同じなんです」

そのためには、SNSは大きな武器になると思います。

「はい。今はツールが揃っているんだから、活用しないと、とは思うんです。もちろん、困難はあるんです。『誰が読んでもわかるように表現しなければいけない』とか、見た目をよくするとかね。そうすることで書き手自身にも見える部分もあるはずなんです。『自分が好きなのはこれなんだ』『自分のいいところはここなんだ』、それは、自分をわかってもらおうとした人間だけが得られることなんですよ」

●コピー&ペーストの功罪

コンピュータには「悪い側面」があります。かんたんにコピー&ペーストができることです。どんなデータも簡単にコピーでき、自分のものにできます。

簡単に複製を作ることができるのは、デジタルの利点です。しかし、使い方を誤れば大きな問題を起こすことにつながります。たとえばSTAP細胞の事件などは、文章やデータがデジタル化されたことも要因のひとつに数えられるでしょう。科学者はその点について、どのように考えているのでしょうか。

「まあ、そういう方が理化学研究所にいらっしゃった、『Nature』が掲載してしまった、というのは別の問題だとして……学生のやることは、そんなに変わってないんですよ」

コンピュータが一般化するまで、コピペは不可能でしたが。

「今は検索を最初にすることが多いですけど、以前はわからないことがあると、図書館で調べたりしたでしょう? つまり、本から情報を得ていたんです。だから偉かったかっていうとそんなことは絶対にないんです。長く教員をやっていると、それがよくわかる。コンピュータがない時代、学生たちは大部分、本を写していたんです。こっちはプロですから、『ああ、これはあの本を写したんだな』とわかってしまう。本の丸写しじゃなくて、学生が感性で書いたものを読みたいし、そう伝えているんだけど、わかってもらえないんです」

「まあ、手を動かして本を写すと勉強になることも多いからね。用語もわからなければ調べるだろうし、コピペよりは勉強になるかなとは思います。ただ、ネタを写しているのは同じですよ。『理科系の作文技術』（図6）とか、いい本もあるんだけど、ほとんど読まれてないですね」

氏はさらに、こうつけ加えた。

「小・中・高で学んでほしいのは、そこです。文章や論文の書き方とか、人の物盗っちゃいけないとか、そういうこと。常識的なことですから、それをわかってほしいんだけど、学ぶ機会がないみたいです。でも、コピペが誰にでもできるようになっている以上、そこを学ぶのは以前よりずっと重要だと思うんですよ。学校ではそこを教えてほしいなあ。ワードやエクセルの使い方だけじゃなくてね」

図6　『理科系の作文技術』
中央公論新社

あとがき

小林秀雄によれば、本居宣長が次のようなことを語っているそうです。

「文字がある時代の人は、文字がない時代をたいへん不便な時代だと言う。だが、そう感じるのは文字がある時代の人だけだ。昔の人は文字がなくたって不便なんか感じていなかった。なるほど文字は便利かもしれない。しかし、人は文字を得るかわりに、思考力や記憶力を大いに減退させてしまった」

小林は本居のこの考えに大いに同意していましたが、ついに次のようには語ってくれませんでした。

「俺たちは文字を持ってしまった。もう文字がない時代に戻ることはできないんだよ」

テクノロジーとはそういうものなのだと思います。ひとたび存在したとたん、空気のように「ある」のが当然になり、「ない」状態は想像するほかありません。それが「ない」世界には誰も住むことはできないのです。

テクノロジーはたいがい、人々の生活を豊かにするために生みだされます。したがって、それが「ある」がゆえに便利になったことはとても多くなります。しかし、必ず失ってしまうものがあります。

本文でもふれましたが、日本のインターネット・ユーザの増加はすさまじいものがあります。国民全員がネット接続環境を持つのも時間の問題でしょう。そうなってしまえば、すべてが「ある」前提で考えられます。やがて、インターネットは存在すら意識されない、空気のようなものになっていくでしょう。

ところが、これを「知らない」「わからない」と語る人がとても多いのです。

SNSがどんなものかも、それが「権力」と呼ばれるほど強いものであることも、なぜ、そうなったのかもわからない。異様なほど進化が速いのはどうしてかも知らない。Androidのスマホやタブレットを使っていながら、グーグルがどうやって儲けているのかも知らない。そのくせ、望まずして権力を行使できる機械を持たされ、あたかも手綱のついた馬のように、誰かが望んだ方向へ引っ張られていく。

仕方のないことだと思っています。ITは、学校で習うものではないし、社会に出てからも学ぶ機会はありません。「知らない」「わからない」は当然のことです。

でも、それっておかしいんじゃないか？

スマホ（コンピュータ）は個人のツールであり、SNS（インターネット）は個人が持つ武器じゃないか。

「知らない」「わからない」で済まされていいはずはない！


おそらく、本書に接して「そんなこと知ってるよ」とつぶやいた人は多いでしょう。かくいう私も、読者としてこの本に接したなら、同じことをつぶやくにちがいありません。

しかし、だからといってそれを言わずに済まそうとするのは、怠慢です。

ニュースなどで、インターネットやSNSに起因する事故や事件が報じられるたびに、暗澹たる気持ちになります。無知を要因としたものがあまりに多いからです。たぶん、本書程度の内容が常識となれば、事故や事件は半分に減るでしょう。要因の一部は、間違いなく「そんなこと知ってるよ」と語った連中にあります。おまえらが怠けてるから悪いんだ。自戒も込めてそう思います。


「SNSを解説する本を作りたいんだ。世のお父さん、お母さんはわかんないって人多いから、そういう人に向けて作りたい。書き手は草野さん。彼なら、きっとやさしく説いてくれるにちがいないよ」

ブルーバックス出版部からそうお声をかけていただいたのは昨年（２０１４年）のことでした。たいへん名誉なことだと思いました。

そのくせ、私はアイデアをそのまま受け入れるのをよしとしませんでした。あれこれ言うのは仁義に反するし、ワガママ以外の何物でもない。第一、そういうキャラじゃないんだよなあ、と思いながら、自分の意見を通していたのです。

「使い方なんか語ったってダメなんだ。その背後にあるものを知る方が百倍大事なんだ。本を作るなら、そこを表現しなきゃ意味はない」


意図をご理解いただいたブルーバックス編集長の小澤久さん、編集担当の西田岳郎さん。本当にありがとうございました。

かわいいカバーイラストを描き下ろしてくれたイラストレーターの森マサコさん。あなたの絵がなければ本書は成立しません。どうもありがとう。

わかりやすいイラストで拙い私の文章を補ってくれた長澤リカさん。ありがとうございました。

ＴＥＮＴＯの竹林暁さん、今回もたいへんお世話になりました。どうもありがとう。

取材にこころよく応じてくださった人生の先輩、鍋島裕俊さん、本間善夫さん。ご協力いただき、本当にありがとうございました。お話を聞いているのは本当に短い時間だったけれど、とても楽しい時間を過ごすことができました。

２０１５年６月
草野真一

参考文献

『デジタルは人間を奪うのか』小川和也著　講談社
『データを紡いで社会につなぐ デジタルアーカイブのつくり方』渡邉英徳著　講談社
『ビッグデータの覇者たち』海部美知著　講談社
『集合知とは何か　ネット時代の「知」のゆくえ』西垣通著　中央公論新社
『第五の権力――Ｇｏｏｇｌｅには見えている未来』エリック・シュミット、ジャレッド・コーエン著、櫻井祐子訳　ダイヤモンド社
『ソーシャルファイナンス革命　世界を変えるお金の集め方』慎泰俊著　技術評論社
『メディアの苦悩　28人の証言』長澤秀行編著　光文社
『ゴミ情報の海から宝石を見つけ出す　これからのソーシャルメディア航海術』津田大介著　ＰＨＰ研究所
『スティーブ・ジョブズⅠ』『スティーブ・ジョブズⅡ』ウォルター・アイザックソン著、井口耕二訳　講談社
『THINK LIKE ZUCK　マーク・ザッカーバーグの思考法』エカテリーナ・ウォルター著、斎藤栄一郎訳　講談社

『本は死なない　Ａｍａｚｏｎキンドル開発者が語る「読書の未来」』ジェイソン・マーコスキー著、浅川佳秀訳　講談社
『グーグル　Google　既存のビジネスを破壊する』佐々木俊尚著　文藝春秋
『アップル、グーグル、マイクロソフト　クラウド、携帯端末戦争のゆくえ』岡嶋裕史著　光文社
『なぜ僕は「炎上」を恐れないのか　年５００万円稼ぐプロブロガーの仕事術』イケダハヤト著　光文社
『デジタル・ワビサビのすすめ　「大人の文化」を取り戻せ』たくきよしみつ著　講談社
『ＬＩＮＥ　なぜ若者たちは無料通話＆メールに飛びついたのか？』コグレマサト、まつもとあつし著　マイナビ
『森を見る力　インターネット以後の社会を生きる』橘川幸夫著　晶文社
『角川インターネット講座⑴　インターネットの基礎　情報革命を支えるインフラストラクチャー』村井純、砂原秀樹、ヴィントン・グレイ・サーフ著　ＫＡＤＯＫＡＷＡ／角川学芸出版
『角川インターネット講座⑷　ネットが生んだ文化　誰もが表現者の時代』川上量生監修　ＫＡＤＯＫＡＷＡ／角川学芸出版

『角川インターネット講座(9) ヒューマン・コマース グローバル化するビジネスと消費者』三木谷浩史監修 KADOKAWA/角川学芸出版
『怠け者のためのパソコンセキュリティ 戦うより守るが勝ちの対策術』岩谷宏著 ソフトバンク クリエイティブ
『ソーシャルネットワーク革命がみるみるわかる本』ふくりゅう、山口哲一著 ダイヤモンド社
『モバイル・コミュニケーション2014-2015』NTTドコモ モバイル社会研究所編 中央経済社
『できるポケット facebook スマートに使いこなす基本&活用ワザ210 増補改訂3版』田口和裕、毛利勝久、森嶋良子、できるシリーズ編集部著 インプレスジャパン
『グーグル ネット覇者の真実 追われる立場から追う立場へ』スティーブン・レヴィ著、仲達志、池村千秋訳 CCCメディアハウス
『インターネット新世代』村井純著 岩波書店
『フリー〈無料〉からお金を生みだす新戦略』クリス・アンダーソン著、小林弘人監修、高橋則明訳 日本放送出版協会
『シェア〈共有〉からビジネスを生みだす新戦略』レイチェル・ボッツマン、ルー・ロジャ

ース著、小林弘人監修、関美和訳　日本放送出版協会
『メディア化する企業はなぜ強いのか？　～フリー、シェア、ソーシャルで利益をあげる新常識』小林弘人著　技術評論社
『あなたがメディア！　ソーシャル新時代の情報術』ダン・ギルモア著、平和博訳　朝日新聞出版

N.D.C.548　254p　18cm

ブルーバックス　B-1926

SNS《エスエヌエス》って面白《おもしろ》いの？
何が便利で、何が怖いのか

2015年7月20日　第1刷発行

著者　草野真一《くさのしんいち》
発行者　鈴木　哲
発行所　株式会社講談社
〒112-8001 東京都文京区音羽2-12-21
電話　出版　03-5395-3524
販売　03-5395-4415
業務　03-5395-3615
印刷所　（本文印刷）豊国印刷株式会社
（カバー表紙印刷）信毎書籍印刷株式会社
本文データ制作　ブルーバックス
製本所　株式会社国宝社

ISBN978-4-06-257926-1

発刊のことば

科学をあなたのポケットに

二十世紀最大の特色は、それが科学時代であるということです。科学は日に日に進歩を続け、止まるところを知りません。ひと昔前の夢物語もどんどん現実化しており、今やわれわれの生活のすべてが、科学によってゆり動かされているといっても過言ではないでしょう。

そのような背景を考えれば、学者や学生はもちろん、産業人も、セールスマンも、ジャーナリストも、家庭の主婦も、みんなが科学を知らなければ、時代の流れに逆らうことになるでしょう。

ブルーバックス発刊の意義と必然性はそこにあります。このシリーズは、読む人に科学的に物を考える習慣と、科学的に物を見る目を養っていただくことを最大の目標にしています。そのためには、単に原理や法則の解説に終始するのではなくて、政治や経済など、社会科学や人文科学にも関連させて、広い視野から問題を追究していきます。科学はむずかしいという先入観を改める表現と構成、それも類書にないブルーバックスの特色であると信じます。

一九六三年九月

野間省一